U0591022

华夏文明之源

玉 | 帛 | 之 | 路

YUHUA BOCAI

玉华帛彩

冯玉雷 / 著

甘肃人民出版社

图书在版编目（ＣＩＰ）数据

玉华帛彩 / 冯玉雷著. -- 兰州：甘肃人民出版社，
2015.9
（华夏文明之源·历史文化丛书）
ISBN 978-7-226-04840-5

Ⅰ．①玉… Ⅱ．①冯… Ⅲ．①玉石－文化－中国
Ⅳ．①TS933.21

中国版本图书馆CIP数据核字(2015)第235611号

出　版　人：吉西平
责任编辑：袁　尚
美术编辑：马吉庆

玉华帛彩

冯玉雷　著

甘肃人民出版社出版发行
（730030　兰州市读者大道 568 号）
甘肃新华印刷厂印刷

开本787毫米×1092毫米　1/16　印张12.25　插页2　字数158千
2015年10月第1版　　2015年10月第1次印刷
印数：1~3 000

ISBN 978-7-226-04840-5　　定价：35.00元

华夏文明之源

《华夏文明之源·历史文化丛书》
编 委 会

主　　任：连　辑

副 主 任：张建昌　吉西平

委　　员（以姓氏笔画为序）：

马永强　王正茂　王光辉

刘铁巍　张先堂　张克非

张　兵　李树军　杨秀清

赵　鹏　彭长城　雷恩海

策　　划：马永强　王正茂

总　序

　　华夏文明是世界上最古老的文明之一。甘肃作为华夏文明和中华民族的重要发祥地，不仅是中华民族重要的文化资源宝库，而且参与谱写了华夏文明辉煌灿烂的篇章，为华夏文明的形成和发展做出了重要贡献。甘肃长廊作为古代西北丝绸之路的枢纽地，历史上一直是农耕文明与草原文明交汇的锋面和前沿地带，是民族大迁徙、大融合的历史舞台，不仅如此，这里还是世界古代四大文明的交汇、融合之地。正如季羡林先生所言："世界上历史悠久、地域广阔、自成体系、影响深远的文化体系只有四个：中国、印度、希腊、伊斯兰，再没有第五个；而这四个文化体系汇流的地方只有一个，就是中国的敦煌和新疆地区，再没有第二个。"因此，甘肃不仅是中外文化交流的重要通道、华夏的"民族走廊"（费孝通）和中华民族重要的文化资源宝库，而且是我国重要的生态安全屏障、国防安全的重要战略通道。

　　自古就有"羲里"、"娲乡"之称的甘肃，是相传中的人文始祖伏羲、女娲的诞生地。距今 8000 年的大地湾文化，拥有 6 项中国考古之最：中国最早的旱作农业标本、中国最早的彩陶、中国文字最早的雏形、中国最早的宫殿式建筑、中国最早的"混凝土"地面、中国最早的绘画，被称为"黄土高原上的文化奇迹"。兴盛于距今 4000—5000 年之间的马家窑彩陶文化，以其出土数量最多、造型最为独特、色彩绚丽、纹饰精美，代表了中国彩陶艺术的最高成就，达到了世界彩陶艺术的巅峰。马家窑文化林家遗址出土的青铜刀，被誉为"中华第一刀"，将我国使用青铜器的时间提早到距今 5000 年。从马家窑文化到齐家文化，甘肃成为中国最早从事冶金生产的重要地区之一。不仅如此，大地湾文化遗址和马家窑文化遗址的考古还证明了甘肃是中国旱作农业的重要起源地，是中亚、西亚农业文明的交流和扩散区。"西北多民族共同融合和发展的历史可以追溯到甘肃的史前时期"，甘肃齐家文化、辛店文化、寺洼文化、四坝文化、沙井文化等，是"氐族、西戎等西部族群的文化遗存，农耕文化和游牧文化在此交融互动，形成了多族群文化汇聚融合的格局，为华夏文明不断注入新鲜血液"（田澍、雍际春）。周、秦王朝的先祖在甘肃创业兴邦，最终得以问鼎中原。周先祖以农耕发迹于庆阳，创制了以农耕文化和礼乐文化为特征的周文化；秦人崛起于陇南山地，将中原农耕文化与西戎、北狄等族群文化交融，形成了农牧并举、华戎交汇为特征的早期秦文化。对此，历史学家李学勤认为，前者"奠定了中华民族的礼仪与道德传统"，后者"铸就了中国两千多年的封建政治、经济和文化格局"，两者都为华夏文明的发展产生了决定性的影响。

自汉代张骞通西域以来，横贯甘肃的"丝绸之路"成为中原联系西域和欧、亚、非的重要通道，在很长一个时期承担着华夏文明与域外文明交汇、融合的历史使命。东晋十六国时期，地处甘肃中西部的河西走廊地区曾先后有五个独立的地方政权交相更替，凉州（今武威）成为汉文化的三个中心之一，"这一时期形成的五凉文化不仅对甘肃文化产生过深刻影响，而且对南北朝文化的兴盛有着不可磨灭的功绩"（张兵），并成为隋唐制度文化的源头之一。甘肃的历史地位还充分体现在它对华夏文明存续的历史贡献上，历史学家陈寅恪在《隋唐制度渊源略论稿》中慨叹道："西晋永嘉之乱，中原魏晋以降之文化转移保存于凉州一隅，至北魏取凉州，而河西文化遂输入于魏，其后北魏孝文宣武两代所制定之典章制度遂深受其影响，故此（北）魏、（北）齐之源其中亦有河西之一支派，斯则前人所未深措意，而今日不可不详论者也。""秦凉诸州西北一隅之地，其文化上续汉、魏、西晋之学风，下开（北）魏、（北）齐、隋、唐之制度，承前启后，继绝扶衰，五百年间延绵一脉"，"实吾国文化史之一大业"。魏晋南北朝民族大融合时期，中原魏晋以降的文化转移保存于江东和河西（此处的河西指河西走廊，重点在河西，覆盖甘肃全省——引者注），后来的河西文化为北魏、北齐所接纳、吸收，遂成为隋唐文化的重要来源。因此，在华夏文明曾出现断裂的危机之时，河西文化上承秦汉下启隋唐，使华夏文明得以延续，实为中华文化传承的重要链条。隋唐时期，武威、张掖、敦煌成为经济文化高度繁荣的国际化都市，中西方文明交汇达到顶峰。自宋代以降，海上丝绸之路兴起，全国经济重心遂向东、向南转移，西北丝绸之路逐渐走过了它的繁盛期。

"丝绸之路三千里，华夏文明八千年。"这是甘肃历史悠久、文化厚重的生动写照，也是对甘肃历史文化地位和特色的最好诠释。作为华夏文明的重要发祥地，这里的历史文化累积深厚，和政古动物化石群和永靖恐龙足印群堪称世界瑰宝，还有距今8000年的大地湾文化、世界艺术宝库——敦煌莫高窟、被誉为"东方雕塑馆"的天水麦积山石窟、藏传佛教格鲁派六大宗主寺之一的拉卜楞寺、"天下第一雄关"嘉峪关、"道教名山"崆峒山以及西藏归属中央政府直接管理历史见证的武威白塔寺、中国旅游标志——武威出土的铜奔马、中国邮政标志——嘉峪关出土的"驿使"等等。这里的民族民俗文化绚烂多彩，红色文化星罗棋布，是国家 12 个重点红色旅游省区之一。现代文化闪耀夺目，《读者》杂志被誉为"中国人的心灵读本"，舞剧《丝路花雨》《大梦敦煌》成为中华民族舞剧的"双子星座"。中华民族的母亲河——黄河在甘肃境内蜿蜒 900 多公里，孕育了以农耕和民俗文化为核心的黄河文化。甘肃的历史遗产、经典文化、民族民俗文化、旅游观光文化等四类文化资源丰度排名全国第五位，堪称中华民族文化瑰宝。总之，在甘肃这片古老神奇的土地上，孕育形成的始祖文化、黄河文化、丝绸之路文化、敦煌文化、民族文化和红色文化等，以其文化上的混融性、多元性、包容性、渗透性，承载着华夏文明的博大精髓，融汇着古今中外多种文化元素的丰富内涵，成为中华民族宝贵的文化传承和精神财富。

甘肃历史的辉煌和文化积淀之深厚是毋庸置疑的，但同时也要看到，甘肃仍然是一个地处内陆的西部欠发达省份。如何肩负丝绸之路经济带建设的国家战略、担当好向西开放前沿的国家使命？如何充分利用国家批复的甘肃省建设华夏文明传承创新区这一文化发展战略平台，推动甘肃文化的大发展大繁荣和经济社会的转型发展，成为甘肃面临的新的挑战和机遇。目前，甘肃已经将建设丝绸之路经济带"黄金段"与建设华夏文明传承创新区统筹布局，作为探索经济欠发达但文化资源富集地区的发展新路。如何通过华夏文明传承创新区的建设使华夏的优秀文化传统在现代语境中得以激活，成为融入现代化进程的"活的文化"，甘肃省委书记王三运指出，华夏文明的传承保护与创新，实际上是我国在走向现代化过程中如何对待传统文化的问题。华夏文明传承创新区的建设能够缓冲迅猛的社会转型对于传统文化的冲击，使传统文化在保护区内完成传承、发展和对现代化的适应，最终让传统文化成为中国现代化进程中的"活的文化"。因此，华夏文明传承创新区的建设原则应该是文化与生活、传统与现代的深度融合，是传承与创新、保护与利用的有机统一。要激发各族群众的文化主体性和文化创造热情，抓住激活文化精神内涵这个关键，真正把传承与创新、保护与发展体现在整个华夏文明的挖掘、整理、传承、展示和发展的全过程，实现文化、生态、经济、社会、政治等统筹兼顾、协调发展。华夏文化是由我国各族人民创造的"一体多元"的文化，形式是多样的，文化发展的谱系是多样的，文化的表现形式也是多样的，因此，要在理论上深入研究华夏文化与现代文化、与各民族文化之间的关系以及华夏文化现代化的自身逻辑，让各族文化在符合自身逻辑的基础上实现现代化。要高度重视生态环境保护和文化生态保护的问题，在华夏文明传承创新区中设立文化生态保护区，实现文化传承保护的生态化，避免文化发展的"异化"和过度开发。坚决反对文化保护上的两种极端倾向：为了保护而保护的"文化保护主义"和一味追求经济利益、忽视文化价值实现的"文化经济主义"。在文化的传承创新中要清醒地认识到，华夏传统文化具有不同层次、形式各样的价值，建立华夏文明传承创新区不是在中华民族现代化的洪流中开辟一个"文化孤岛"，而是通过传承创新的方式争取文化发展的有利条件，使华夏文化能够在自身特性的基础上，按照自身的文化发展逻辑实现现代化。要以社会主义核心价值体系来总摄、整合和发展华夏文化的内涵及其价值观念，使华夏的优秀文化传统在现代语境中得到激活，尤其是文化精神内涵得到激活。这是对华夏文明传承创新的理性、科学的文化认知与文化发展观，这是历史意识、未来眼光和对现实方位准确把握的充分彰显。我们相信，立足传承文明、创新发展的新起点，随着建设丝绸之路经济带国家战略的推进，甘肃一定会成为丝绸之路经济带的"黄金段"，再次肩负起中国向西开放前沿的国家使命，为中华文明的传承、创新与传播谱写新的壮美篇章。

正是在这样的历史背景下，读者出版传媒股份有限公司策划出版了这套《华夏文明之源·历史文化丛书》。"丛书"以全新的文化视角和全球化的文化视野，深入把握甘肃与华夏文明史密切相关的历史脉络，充分挖掘甘肃历史进程中与华夏文明史有密切关联的亮点、节点，以此探寻文化发展的脉络、民族交融的驳杂色彩、宗教文化流布的轨迹、历史演进的关联，多视角呈现甘肃作为华夏文明之源的文化独特性和杂糅性，生动展示绚丽甘肃作为华夏文明之源的深厚历史文化积淀和异彩纷呈的文化图景，形象地书写甘肃在华夏文明史上的历史地位和突出贡献，将一个多元、开放、包容、神奇的甘肃呈现给世人。

按照甘肃历史文化的特质和演进规律以及与华夏文明史之间的关联，"丛书"规划了"陇文化的历史面孔、民族与宗教、河西故事、敦煌文化、丝绸之路、石窟艺术、考古发现、非物质文化遗产、河陇人物、陇右风情、自然物语、红色文化、现代文明"等13个板块，以展示和传播甘肃丰富多彩、积淀深厚的优秀文化。"丛书"将以陇右创世神话与古史传说开篇，让读者追寻先周文化和秦早期文明的遗迹，纵览史不绝书的五凉文化，云游神秘的河陇西夏文化，在历史的记忆中描绘华夏文明之源的全景。随"凿空"西域第一人张骞，开启"丝绸之路"文明，踏入梦想的边疆，流连于丝路上的佛光塔影、古道西风，感受奔驰的马蹄声，与行进在丝绸古道上的商旅、使团、贬谪的官员、移民擦肩而过。走进"敦煌文化"的历史画卷，随着飞天花雨下的佛陀微笑在沙漠绿洲起舞，在佛光照耀下的三危山，一起进行千佛洞的千年营建，一同解开藏经洞封闭的千年之谜。打捞"河西故事"的碎片，明月边关的诗歌情怀让人沉醉，遥望远去的塞上烽烟，点染公主和亲中那历史深处的一抹胭脂红，更觉岁月沧桑。在"考古发现"系列里，竹简的惊世表情、黑水国遗址、长城烽燧和地下画廊，历史的密码让心灵震撼；寻迹石上，在碑刻摩崖、彩陶艺术、青铜艺术面前流连忘返。走进莫高窟、马蹄寺石窟、天梯山石窟、麦积山石窟、炳灵寺石窟、北石窟寺、南石窟寺，沿着中国的"石窟艺术"长廊，发现和感知石窟艺术的独特魅力。从天境——祁连山走入"自然物语"系列，感受大地的呼吸——沙的世界、丹霞地貌、七一冰川，阅读湿地生态笔记，倾听水的故事。要品味"陇右风情"和"非物质文化遗产"的神奇，必须一路乘坐羊皮筏子，观看黄河水车与河道桥梁，品尝牛肉面的兰州味道，然后再去神秘的西部古城探幽，欣赏古朴的陇右民居和绮丽的服饰艺术；另一路则要去仔细聆听来自民间的秘密，探寻多彩风情的民俗、流光溢彩的民间美术、妙手巧工的传统技艺、箫管曲长的传统音乐、霓裳羽衣的传统舞蹈。最后的乐章属于现代，在"红色文化"里，回望南梁政权、哈达铺与榜罗镇、三军会师、西路军血战河西的历史，再一次感受解放区妇女封芝琴（刘巧儿原型）争取婚姻自由的传奇；"现代文明"系列记录了共和国长子——中国石化工业的成长记忆、中国人的航天梦、中国重离子之光、镍都传奇以及从书院学堂到现代教育，还有中国舞剧的"双子星座"。总之，"丛书"沿着华夏文明的历史长河，探究华夏文明演变的轨迹，力图实现细节透视和历史全貌展示的完美结合。

读者出版传媒股份有限公司以积累多年的文化和出版资源为基础，集省内外文化精英之力量，立足学术背景，采用叙述体的写作风格和讲故事的书写方式，力求使"丛书"做到历史真实、叙述生动、图文并茂，融学术性、故事性、趣味性、可读性为一体，真正成为一套书写"华夏文明之源"暨甘肃历史文化的精品人文读本。同时，为保证图书内容的准确性和严谨性，编委会邀请了甘肃省丝绸之路与华夏文明传承发展协同创新中心、兰州大学以及敦煌研究院等多家单位的专家和学者参与审稿，以确保图书的学术质量。

《华夏文明之源·历史文化丛书》编委会

2014 年 8 月

在"中国玉石之路与齐家文化研讨会"暨"玉帛之路文化考察活动"启动仪式上的讲话

今天的会议是我到甘肃工作以后参加的最有特色的会议，很高兴能有这次机会与各位学者进行交流。刚才听到了各位专家学者发言，很受启发。借此机会，我表达几点想法。

一、丝绸之路经济带的建设需要更深厚的学术研究作理论支撑。

从文化的角度讲丝绸之路，一般会从佛教说起，即所谓"西佛东渐"。佛教文化影响了从东到西早期的一些王朝，包括北魏等少数民族以及后来的大唐王朝等。佛教文化千姿百态，其核心文化内涵仍然是"和"，"放下屠刀，立地成佛"就是这个含义。

今天会议主题中的玉文化也有一个传承的过程。叶舒宪老师的文章中提到，历史上更早、或比佛教文化还早的是西玉东输，此后是西佛东渐。西玉东输到内地这个过程，物质化的是玉，精神化了的是文化，文化的内核仍然是"和"。正所谓"化干戈为玉帛"。因此，丝绸之路的文化精神，概括为一个字，就是"和"。这是自古以来就有的文化，又是一个到目前为止仍然活态传承着的文化，这一点非常不容易。当然，它与其他事物发展规律是一样的。比如敦煌，经过嬗变，其活态传承到了洛阳、内地，有的在唐蕃古道形成后，与藏传佛教又有融合，藏传佛教现在也是活态的。西玉东输的过程也是如此，现在真正活态着、物化着的玉的文化表达多数不在产地，这些地方现在已经成为被封存的文化遗产。目前，我们需要解决的问题是，要以考古学为基础，在学术上把这些离我们很远的，已经"碎片化"、"隐形化"、"基因化"的文化源头用现代科技手段和研究方法重新挖掘出来，使得历史和现在能够一脉相承地衔接下来，并表达清楚，这是我们需要做的工作。华夏文明保护传承创新区建设以来，我们侧重于包括佛教文化在内的其他早期文化的挖掘、整理、研究，概括起来就是两个字——传承。甘肃是华夏文明发祥地之一，如果我们再不搞这些基因化的东西，它们可能就会离我们越发久远，再过几代也许会失传。可喜的是，今天由《丝绸之路》杂志社、西北师范大学组织承办玉文化研讨会，汇聚了叶舒宪、赵逵夫、叶茂林等一批专家，专题研究玉石之路和齐家文化（也以玉为核心）。这是一件很有眼光的事。也许今天参与研究的人数不多，但可能会载入史册。

二、把玉文化作为重要课题，填补华夏文明传承创新区内容建设的空白。

现在，提到马家窑文化却跳开齐家玉文化，这是有问题的。马家窑可以上溯到 4000~5000 年，大地湾彩陶可以上溯到 8000 年左右，但在此过程中，范围更大的、对文化研究影响更久远的，在中国的文化内核中所坚守的最核心的文化价值在"玉"，而不在"陶"。如果丢了"玉"，就把灵魂性的东西遗失了。在此之前，这一部分研究有所忽略、重视不够。本次会议和考察活动弥补了这个缺憾，强化了这个课题的研究，让华夏文明传承创新区的内容建设、理论研究、学术探讨更加丰富多彩，更加全面。所以，我们对大家寄予厚望。

三、要按照活动设计，把理论研究、考古发掘、实地考察结合起来，通过现场走访、田野调查，将存在争议的话题搞得更清楚，更成体系。

在甘肃做学问，可能最大的优势就是有现场。坐在深宅大院里、高楼大厦里，好多问题是解决不了的。光靠读书只能够解决一些知识、信息或者提示性的问题，做玉文化的学问就应该到现场去。本次活动就开了一个好头。要协调各地，解决好专家的考察保障问题，提供条件，提供方便，把当地和玉文化相关的资料、信息、素材开放性地提供给专家们，让他们对当地文化、历史情况有更多的了解。建议多留存一些考察资料，如果可能，做一档玉文化电视栏目，除了传播知识，还可以挖掘其社会意义。社会主义核心价值观第一句话中就有文明和谐，玉文化在某种程度上就契合了文明和谐。

此外，玉文化研究要形成气候，一定要有相对稳定的学术团队，确保研究工作的专业性和连续性。我们省可以考虑成立玉文化研究的专门学术机构，定期举办学术活动，长期坚持下去，使之制度化、常态化。我建议你们把玉文化研究基地放在甘肃。

预祝这次活动圆满成功，谢谢大家。

连　辑

2014 年 5 月

"玉帛之路文化考察活动"组委会

顾　　问：连　辑　郑欣淼　刘　基　田　澍　梁和平
组委会主任：叶舒宪
委　　员：叶舒宪　易　华　吕　献　冯玉雷　刘学堂
　　　　　徐永盛　张振宇　安　琪　孙海芳　赵晓红
　　　　　杨文远　刘　樱　瞿　萍

"玉帛之路文化考察活动"作品集

主　编：冯玉雷
副主编：赵晓红

野马泉　　瓜州
玉門關　　　　　嘉峪關
敦煌　　　　　　　高臺
阿克塞　　　玉門　　　　山丹
　　　　　　蕭南　　　　　　民勤
　　　　　　張掖
　　　　　民樂
　　　　　肅遠縣　　　武威
　　　　　門源縣
　　　　　大通縣
德令哈　　　　　　　　永填
　　　　青海湖　　　　　　　蘭州
　　　　　西寧　　　　　　　　定西
　　　　　　　臨夏
　　　　　　　廣河
　　　　　　　臨洮

"玉帛之路文化考察活动"路线图

────────────　计划路线

‥‥‥‥‥‥‥‥　实际返程路线

目

录

Contents

一、关于考察活动及书名

　　沟通中国与域外的交通网络主要由西北和西南两个陆路网络、陆海相衔的东北网络与海洋网络四大交通板块构成，主要工具是骆驼、舟楫和马帮。

　　目前，对沟通东西方经济、文化、政治、思想之大动脉的通用名称是德国地理学家李希霍芬提出的"丝绸之路"。另外，学术界还有多种名称，教科文组织所谓的"对话之路"、"海上丝绸之路"、"陆上丝绸之路"、"西南丝绸之路"、"朝圣取经之路"、"军事远征之路"、"瓷器之路"、"玉石之路"、"皮货之路"、"茶叶之路"、"板声之路"、"琥珀之路"、"玻璃之路"、"香料之路"、"麝香之路"、"草原丝绸之路"、"铜器之路"、"经书之路"、"沙漠之路"、"骆驼队之路"、"和番公主之路"，等等。

　　有些学者认为"丝绸之路"这一名称不够确切，不够科学，往往"有路无丝"、"一丝不挂"。如果执着于名称，那么，是否因为这条道路运送过孔雀、狮子，就叫"孔雀之路"、"狮子之路"，或者"佛教之路"、"祆教之路"、"景教之路"？我觉得，丝绸只是一个代表多种文化交流互动的重要文化象征符号，尽管有很多地区从未出现过丝绸。

实际上，这条东西大动脉发挥作用的时间远远超过丝绸发明时代。近年来，学术界先后提出"石器之路"、"彩陶之路"、"青铜之路"和"铁器之路"概念。

1923 年，法国古生物学家德日进和桑志华发掘宁夏水洞沟旧石器时代晚期遗址，发现有属于西方莫斯特文化的勒瓦娄哇石器。其后，黑龙江、山西、内蒙古、新疆等地也有发现。这表明，早在距今 10 万年前后的旧石器时代晚期，就有一支西方人群通过中亚草原到新疆，继而到达宁夏水洞沟。因此，有些学者将西方石器技术东传称为"史前石器之路"。新石器时代，距今七八千年开始，黄河流域的彩陶文化向西流布，5000 年前后进入甘青地区。4000 年前，彩陶文化出现在新疆东天山哈密盆地，继而沿天山西进，使天山史前文化呈现异彩纷呈的局面。汉代前后，彩陶文化渗入哈萨克斯坦巴尔喀什湖东岸七河流域。学术界把彩陶西传道路称为"彩陶之路"。青铜时代迎来东西文化交流的新高潮。青铜技术最早出现在欧亚西部区域，约在公元前 3 千纪后半叶，青铜冶制技术出现在新疆和河西一些地区。有些学者将青铜冶制技术西东向的传播道路称为"青铜之路"。近年来，随着新的考古资料发现，人们认识到，青铜之路还包含小麦和牛羊驯养技术等传播多种因素。

从早期铁器时代开始，东西文化交流更为频繁。约在公元前 1000 年前，中亚西部首先进入早期铁器时代。随着游牧民族的密切活动，制铁技术沿中亚北方草原通道和南方绿洲通道向东传播，约在公元前 7 世纪前后进入中国北方。铁器传播道路被称为"铁器之路"。

此外，还有玉器、玻璃等器物和葡萄等农作物经中亚东传，以及黄河流域黍粟类农作物的西传，都代表着史前东西文化交流。其中，玉石是早于丝绸的重要文化媒介物，叶舒宪先生将在他的著作中集中论述，更专业，更深刻，这里不再赘述。

　　我用玉石和丝绸作为这本考察著作的关键词，是基于以下几点考虑：

　　一、玉石作为大自然孕育的一种特殊物质，一旦被古代先民寄托某种期待和理想，就不再是单纯的物质品，它就具有了品格、神性和思想。玉石不长腿，本身并不具备交流互动的能力，但古代先民给它们插上了神圣的翅膀，能够到达任何一处想要达到的地方。在这个过程中，古代先民经年累月，在大漠、山岗、沟壑、河流、戈壁、草原等地方探测开拓，勾勒描绘，终于形成一条相对固定的交流通道。这条通道上交流的物质品可能涉及人口、贝类、皮货、牛羊及其他土特产，但大多数物质品的属性并没有改变，例如，贝类从遥远的海洋转运到青藏高原、河西走廊后，仍然充当装饰品或原始货币，兽皮不管到达哪个族群的领地，仅仅发挥实用功能。所以，我们更愿意用玉石这个被赋予神性的物质来称谓这条通道。

　　二、丝帛是丝与丝织物的总称。美玉和束帛是古代祭祀、会盟、朝聘等所用的珍贵礼品。《左传·哀公七年》载："禹会诸侯于涂山，执玉帛者万国。"《周礼·天官·染人》记载："染人掌染丝帛。"孙诒让解释说："未织者为丝，已织者为帛。"蚕食桑叶，吐丝，再经过人类加工、着色、装饰，逐渐成为象征权利、富贵的奢侈品，并且深深地影响到人们的日常生活和行为理念。在纸张发明以前，帛充当重要文书的书写材料，《史记·陈涉世家》："……陈胜、吴广喜，念鬼，曰：'此教我先威众耳。'乃丹书帛曰'陈胜王'，置人所罾鱼腹中。卒买鱼烹食，得鱼腹中书，固以怪之矣。又间令吴广之次所旁丛祠中，夜篝火，狐鸣呼曰：'大楚兴，陈胜王。'卒皆夜惊恐……"后来，丝帛也延伸出其他意义，在成语、俗词中经常能见到。《左传·隐公四年》：记载："臣闻以德和民，不闻以乱。以乱，犹治丝而棼之也。"另外，还有皂丝麻线、蛛丝才巧、朱丝练弦、著于竹帛、朱丝萦社、游丝飞絮、属丝言、游丝、雨丝风片、铢积丝累、蛛丝马迹等等，直到现代的钢丝、铁丝、粉丝之类。丝帛不但为中国使用，还传到西域、中亚、欧洲，成为中西大通道上物质交流中最重要的物品之一，用丝帛作为众多媒介物的代表，也无可厚非。

三、玉石的传播早于丝帛，玉石的文化内涵也远比丝帛丰富。玉石和丝帛，大概代表了中西大通道的物质交流史和文化交流精神。现在我们无法考证欧亚大路上发生过多少 "化干戈为玉帛" 的事件，唯一可肯定的是，在和平、沟通、合作、互利原则下，各部落、族群、国家之

｜ 丝绸之路

间才可能交流互动，并且绵延不绝。因为李希霍芬将这条大通道命名为"丝绸之路"，兼之国际社会推波助澜，遮蔽了玉石文化。我们策划"中国玉石之路与齐家文化研讨会"暨"玉帛之路文化考察活动"，不但尽可能还原这条大通道的本质特征，还要通过文献资料、考古学资料、文化遗址、田野考察等多重证据互相印证，还原这条大通道的丰富性、多

元性、复杂性和生动性。因此，组团时我们考虑到了参与者的学术背景和文化背景，设计路线、考察点时也紧紧围绕玉文化的辐射范围及传播地域。

四、本书写作，乃是作为"玉帛之路文化考察活动"系列丛书的一个组成部分，我更多地从文学、文化角度书写。涉及的资料性、常识性问题，尽量简略，节省版面。

二、安特生与田野考察

　　从某种意义上来说，"中国玉石之路与齐家文化研讨会"暨"玉帛之路文化考察活动"是在安特生田野考察的基础上进行，很多考察现场、学术问题都有关联；或者说，我们是在他开创的华夏文明探源之旅上继续前行。因此，有必要在正式叙述之前介绍一下安特生。

　　安特生，1874 年出生于瑞典。1901 年毕业于乌普萨拉大学，取得地质学专业博士学位，从此开始其学者生涯，先后两次参加南极考察活动，在此期间主编、编写《世界铁矿资源》和《世界煤矿资源》两本调查集。安特生曾任万国地质学会秘书长、瑞典乌普萨拉大学教授，兼任瑞典地质调查所所长。1914 年，中国北洋政府根据当时地质调查所（隶属于农商部）负责人丁文江先生建议，决定聘请安特生前来中国担任北洋政府农商部矿政司顾问。北洋政府的目的是寻找铁矿和煤矿，以实现富强之梦。年届不惑的安特生毅然辞去在瑞典的所有职务，接受邀请，经过印度，辗转到新疆，沿塔里木河一路向东，"忘记了多少次为这具有悠远历史和迷人故事的神奇土地的赞叹喝彩。也难怪斯文·赫定能在中国取得如此辉煌夺目的考古成就"，他的内心交织着兴奋、惊喜、冲动、希望、梦幻和理想，于 1914 年 5 月 16 日顺利抵达北京。第二天，他便踌躇满志，前往中国农商部赴任。他雄心勃勃，浮想联翩，决心在这块古老土地上一展宏图。安特生对中国的印象大多来自斯文·赫定的《丝绸之路》。这部关于中国西域的巨著使沉寂多年的楼兰古城重见天日，也让斯文·赫定一举成名。后来，安特生完成了《中国的铁矿和铁矿工业》和《华北马兰台地》两部调查报告。安特生学识渊博，声名显赫，才华出众而又雄心勃勃，但他却没有斯文·赫定的好运气：军阀混战使他的寻矿计划变为镜花水月，他献身地质的梦想化为泡影。1916年，袁世凯倒台，地质考察研究因经费短缺而停止。安特生深切地感到在这个泱泱农业大国创造工业文明的艰难，把精力放在对古生物化石的收集和整理研究上，紧紧盯住浩如烟海的华夏文化。当时，中国对西方盛行近一个世纪的田野考古学竟然一无所知，这与有着悠久历史的文明古国极不相称。于是，安特生决意要在史前考古领域里掀起一场革命，改写中国无史前史的历史。

1917年，安特生继续为中国政府在河南西部地区做地质考察。一个偶然的机会，他和时在新安县的瑞典传教点建立了联系，安特生被告知许多含有恐龙和其他所谓"龙骨"的化石地点，遂萌发了为瑞典博物馆采集化石的念头。丁文江批准了安特生的化石采集计划，并提议中瑞双方平分化石标本，但研究结果必须在《中国古生物志》(1919年创刊，丁文江主编，后由丁文江、翁文灏共编)上发表，某些送到瑞典的化石标本研究完毕后须送还中国。

1918年2月的一天，著名化学家麦格雷戈·吉布向安特生出示了一些包在红色黏土中的碎骨片，说是采自周口店附近一个名叫鸡骨山的地方。这件事引起安特生注意。1918年3月，安特生骑着毛驴到周口店考察两天，进行小规模发掘，找到动物骨骼化石。当地老乡不认识，误认作鸡骨，称这座小山为"鸡骨山"。

　　1921 年初夏，奥地利古生物学家师丹斯基来到中国，他打算与安特生合作，在中国从事三趾马动物群化石的发掘和研究工作。安特生安排他先去周口店发掘鸡骨山。在这次考察中，安特生注意到堆积物中有一些白色带刃的脉石英碎片，他对师丹斯基说："我有一种预感，我们祖先的遗骸就躺在这里。现在唯一的问题就是去找到它。你不必焦急，如果有必要的话，你就把这个洞穴一直挖空为止。"

　　1923 年秋，安特生要求师丹斯基再次去发掘那个新地点。其实早在 1921 年，他们已经发现一枚"可疑"牙齿，师丹斯基认为这颗牙齿不属于人类。1926 年夏天，安特生在乌普萨拉古生物研究室整理标本时，从周口店化石中认出一颗明确的人牙之后，那枚"可疑"牙齿也得到确认：它是一枚人牙。1926 年 10 月 22 日，在瑞典王太子古斯塔夫·阿道夫访华的欢迎大会上，安特生向世界宣布了这个消息。安特生成为"北京人"的发现者。他拉开了周口店遗址发现、发掘的序幕。

　　在中国的考古学史上，安特生还被称为"仰韶文化之父"。

　　1918 年，安特生就为采集化石来到河南的瑞典传教点，在传教士马丽亚·佩特松曾帮助下寻找河南西部文化遗址，发现了一些化石。1920 年深秋，安特生把助手刘长山派往河南洛阳以西地区考察。12 月，刘长山回到北京，带回数百件购自一个地点——仰韶村的石斧、石刀和其他类型石器。1921 年 4 月，安特生再次前往河南。4 月 18 日，他从渑池县城徒步来到仰韶村，发现了一些陶片、石器剖面及更多夹杂着灰烬和遗物的地层，其中就有引人注目的彩陶片。1921 年初夏，安特生被派往山海关附近考察准备筹建的港口葫芦岛。这项工作即将结束时，他们又发现了沙锅屯洞穴遗址，出土大量可与仰韶遗址的出土物相媲美的陶器。1921 年秋，安特生计划发掘仰韶遗址。他给农商部部长写信，报告仰韶的发现，还催促部长通过继续任命安特生为矿政顾问的安排。

申请获得批准。仰韶村的发掘也得到中国地质调查所、河南省政府和渑池县政府的大力支持。从 1921 年 10 月 27 日到 12 月 1 日，安特生和地质学家袁复礼、奥地利古生物学家师丹斯基等一道发掘仰韶遗址，发现大量精美彩陶，在一块陶片上还发现了水稻粒印痕。

安特生不仅给中国考古学带来巨大冲击，还带来了比过去广阔得多的视野。史前史的发现向正统的中国历史叙述提出挑战：这些彩陶是什么人制作的？中国历史是何时、在什么地方、以什么方式开始的？

答案就埋在地下，而不在古书里。

1923 年，安特生在《地质汇报》第 5 期发表《中国新石器类型的石器》。他推测中原地区的彩陶文化可能从西方传播而来，便决定迁往陕甘地区，寻找史前文化遗址，以验证其观点。1921 年，安特生发掘了河南仰韶村的一处古遗址，并将其命名为"仰韶文化"。后来发表了一文。这是目前发现安特生所写文章中最早一篇提到以兰州为中心的调查的。1923 年，安特生发表了《中华远古之文化》一文。在这篇文章中，安特生把仰韶文化彩陶和中亚的安诺和特里波列文化彩陶进行了比较。安特生发现两种文化类型的彩陶纹饰非常相近，由此，安特生产生了一种想法，这就是"中国文化西来说"。1923 年 6 月 21 日，安特生率领考察团到达兰州。此后几年，他们主要在以兰州为中心、半径 400 公里范围内活动。他首先研究黄河沿岸地质，对用牦牛皮和羊皮制作皮筏子产生浓厚兴趣，并将这些皮筏子作为搬运文物的工具。六七月份，他们继续西行，在西宁十里堡、贵德罗汉堂、西宁朱家寨等地进行考古发掘。9 月，安特生的助手发现一处仰韶文化时期的聚落遗址——朱家寨遗址，发掘出 43 具人骨和大量随葬品，是当时仅次于仰韶村的一次发掘。不久，1923 年秋，安特生又在青海省湟中县卡约村发现卡约文化遗址。"卡约"为藏语，意为"山口前的平地"。卡约文化是古代羌族文化遗存，年代约为公元前900～前600年，是中国西北地区的青铜时代文化。东起甘青交界处的黄河、湟水两岸，西至青海湖周围，北达祁连山麓，南至阿尼玛卿山以北广大地区，是青海省古代各种文化遗址中数量最多、分布范围最广的一种土著文化。西宁盆地中遗址最为密集，显然是其分布的中心地带。居民以从事农业为主，工具多为石器，有斧、刀、锤等，但已出现铜质的镰、刀、斧、锥和镞，手制陶器的典型器物为双耳罐、双大耳罐、四耳罐和瓮等。

他们满载而归，回到兰州过冬。在兰州，安特生和他的助手收购了一批精美彩陶。1924年4月23日，他们沿洮河南下，抵达洮河流域，进行大量发掘，发现了灰嘴遗址、辛店遗址、齐家文化遗址和马家窑文化遗址。6月26日，他们发掘出广河半山文化遗存，接着发现寺洼文化遗存。7月中旬，工作基本结束。

1923年前，安特生曾比较研究仰韶文化和西方、中东等地彩陶，尤其是中亚安诺文化以后，提出了"中国文化西来"假说："……仰韶彩陶和安诺等近东和欧洲的彩陶相似，可能同出一源，而巴比伦等地的彩陶年代要早于中国仰韶，因此中国彩陶有可能来自西方。"这些观点仅仅针对彩陶而言，与文化、人种无关。他特别声称这只是一种假说。但"中国文化西来说"在中国学术界引起轩然大波，至今，余波仍未平。随着在甘青地区的考古发掘，他不断利用大量材料来修正自己的观点。1924年，安特生发表《甘肃省的考古发现》，认为中国文化是在新疆地区生长起来，从西方受到影响。这个观点又在学术界引起争论。一些东西方学者基本上否定他的假说。为了寻找仰韶半山文化和辛店等文化的中间缺失环节，他们再次把目光投向广袤的西部大地。安特生的助手居某在西宁河谷的民和县马厂塬发现马厂文化遗址。

安特生直接去了河西走廊。1924年7月中旬，安特生进入几乎不为世人所知的沙漠绿洲小县——民勤。安特生考察了民勤地界上的众多遗址，将柳湖墩、沙井子和三角城列入发掘计划。他先在柳湖墩遗址试掘，继而在薛百乡沙井子一带大规模开挖。他们一共发掘了 40 余座墓葬，发现了沙井文化。由于此前发现铜器，安特生将它列为甘肃远古文化"六期"之末，称为沙井期。受安特生影响，中国考古学家非常关注沙井文化。1943 年，国民政府中央研究院历史语言研究所与中央博物院筹备处、中国地理研究所、北京大学文科研究所组成西北科学考察团奔赴甘肃，考古学家夏鼐先生主持沙井文化考察。1948 年，裴文中先生带领西北地质考察队赴甘肃、青海考察。5 月，裴文中、贾兰坡教授调查了民勤柳湖墩、沙井东和永昌三角城等遗址，新发现了一些同类遗存，并首次提出"沙井文化"的命名。

1924 年 10 月，安特生回到北京，1925 年返回瑞典。这年，他的《甘肃考古记》发表了，对以前的观点再次进行修正，否定中国文化源于新疆的假说，肯定了彩陶及一些农业技术是从近东起源，并沿新疆、甘肃传入河南；而仰韶是自成体系的文化。1927 年、1937 年，安特生又两次到中国进行一些短暂考察。他的全部精力都投入到中国史前文化的研究上。1943 年，安特生出版他长期研究中国史前史的结晶《中国史前史研究》，再次修正自己的看法，得出仰韶彩陶与近东无关的结论，也意味着彻底改变了"中国文化西来说"。

三、考察的缘起及准备

民国时期，出于对中国国情的了解及改良社会的需要，社会调查规模庞大，盛极一时，形成大量珍贵调查资料。据学者黄兴涛、李章鹏估计，整个清末、民国时期，社会调查范围涉及政治、经济、军事、文教、卫生、交通、日常生活、宗教、习俗、人口、民族等诸多方面，所涉及学科除社会学外，还有人类学、经济学、民俗学、教育学、法学等，社会调查文献总量不下 3 万种。

在这些调查中，具有深远意义的调查活动之一，当属中国、瑞典联合组成的"中国西北科学考查团"进行的长达 8 年的考察。要谈这次史无前例的考察，必须提到中方团长徐旭生。

徐旭生幼读私塾，古典文化功底深厚，18 岁就读北京河南公立豫京学堂，25 岁留学法国，在巴黎大学攻读西洋哲学。1919 年，徐旭生学成归国后，先后任河南留学欧美预备学校教授，北京大学哲学系教授。1926 年任北京大学教务长。1927 年任北京师范大学校长，同年担任"中国西北科学考查团"中方团长。这是中国历史上第一个中外合作的科学考察团，从此结束了从 19 世纪末以来我国大批珍贵文物被外国人随意拿走的历史。

对我国科学家来说，这次考察是仓促上阵，从签协议到出发不足半个月。而考察地区除了戈壁沙漠，就是崇山峻岭，冬季气温下降到 -40℃，夏季气温可上升至 40℃，大多路程只能靠骆驼和步行，考察队员住帐篷，睡地铺，加之军阀混战，盗匪横行，更添考察的危险性。但徐旭生不顾劳累，常常在烛光下翻阅《汉书》、《后汉书》、《晋书》、《隋书》、《旧唐书》中的地理志及《西域图志》、《新疆图志》、《圣武纪》、《蒙古游牧记》等历代典籍，查找有关资料，指导考察。斯文·赫定感叹说："真没想到中国有这样好的学者。""要是只是我一个或者同着一些西洋人旅行，最多也只好在归来后找欧洲的'中国通'才能求得 2100 年前在噶顺淖尔表演着的历史遗事的说明；我现在不只是有书，还有学者指示我，随时都能知道我所愿知的一切……我们的景况愈是阴沉，而徐教授的自信和宁静也愈是强大，在我们经历的艰难时期中，他表现出完全能驾驭这环境的神情。"

徐旭生不亢不卑、坚定不移、不畏艰险，在考察团陷入断粮、缺水，骆驼困毙，斯文·赫定病倒的绝境下，毅然带队前进，"时景虽严吾当行，猛进不需愁途穷"，在西北约 460 万平方公里的区域内进行多学科考察。中瑞双方考察报告和研究成果出版发行从 20 世纪 30 年代一直延续到 80 年代，影响巨大。地质学家袁复礼在新疆发掘出包括 7 个新种的 72 具二齿兽、恐龙等古爬行动物化石，使我国的古生物研究跃上一个新台阶。黄文弼考察了高昌等古代遗址，穿过和绕行塔克拉玛干大沙漠，出版《高昌砖集》、《高昌陶集》、《吐鲁番考古记》、《罗布淖尔考古记》等专著。瑞典的贝格曼博士在额济纳河流域发掘出闻名于世的"居延汉简"。植物学家刘慎谔博士采集标本 4000 多号，主编了《中国西北地区植物地理概要》及《中国北部植物志》。经过这次考察，新疆地区首次留下现代气象记录。考察团的实地考察，证明罗布泊是随塔里木河的改道而改变位置的迁移湖。1931 年,《徐旭生西游日记》出版。

由于徐旭生对考察团的卓越组织领导,他获得以瑞典国王名义颁发的勋章。我国政府为这次考察发行纪念邮票一套。这是我国第一次为学术界出版发行纪念邮票。

这次考察激发了徐旭生对华夏文明源头探索的热情,他后半生辛勤耕耘于史学领域。1933 年,他前往西安,组织了西北地区第一个考古机构——陕西考古会,主持宝鸡斗鸡台遗址发掘工作。从 1932 年起,他专心研究中国古史传说,探索中华民族形成问题,著有《中国古史的传说时代》。他认为,中国古代部族大致可分为华夏、东夷、南蛮三个集团,他们相互斗争,又和平共处,最终完全同化,逐渐形成后来的汉族。其中经历三大变化:一是华夏族与东夷族渐次同化,氏族林立的中国渐次合并,形成若干大部落;二是黄帝死后,高阳氏出现,生产力有所发展,贫富分化,劳心与劳力分工,帝颛顼的"绝地天通"的宗教改革,对后来有很大影响;三是大禹治水后,氏族制度逐渐解体,变成定型的、有组织的王国——夏。

我国历史上第一个朝代夏朝早在公元前 22 世纪末就已建立。但长期以来,夏代却是考古方面的空白点。徐旭生在《略谈研究夏文化问题》一文中明确指出,有两个地区应该特别注意:一是豫西地区的洛阳平原以及嵩山周围,尤其是颍水谷的上游登封、禹县一带;二是山西省西南部分汾水下游一带。1959 年夏,徐旭生奔赴豫西地区,踏察了告成、石羊关、阎砦、谷水河、二里头等重要遗址,写成《1959 年夏豫西调查"夏墟"的初步报告》。1964 年春季,他又亲临偃师二里头工地,指导遗址发掘。探察期间,他随身带着一小卷铺盖,住工棚,和年轻人一起坐硬座,吃普通伙食,常常一天步行 40 多里。不管白天多么劳累,他晚上都要坚持在煤油灯下,详细地记录调查收获和心得。之后,二里头、告成、下冯、陶寺等遗址先后发掘。可以说徐旭生是夏文化探索的开拓者，当之无愧。

因为年龄关系，徐旭生对夏文化的考古、探索止步于宝鸡。主动拿起这个接力棒，促成成本次考察活动的是中国社科院研究员、上海交通大学讲席教授、西北师范大学华夏文明传承发展协同创新中心首席专家叶舒宪先生。

叶老师出生在北京，"文革"开始后随家西迁，在西安长大，上学、工作、生活20多年，活动范围基本上囿于陕西关中和陕北，对甘肃、青海、宁夏、新疆等西北地区的了解很少。1993年，叶老师去海南工作，距离西北更远。再后来，他到中国社会科学院，即便走马观花式的调查机会都很少。很可能，叶老师从此与广袤悠远的大西北失之交

叶舒宪 |

臂。2005年6月，峰回路转。叶老师受聘到兰州大学，兼任"萃英讲席教授"，在兰州一个多月，抽空到东乡、广河、临夏、甘南等地考察。他采访过夏河县格萨尔讲唱艺人嘎臧智化先生，到莲花山考察"花儿"会，也重点考察了马家窑文化、齐家文化、大地湾文化等著名古文化遗址。他马不停蹄地跑了很多地方，算是一次"恶补"。2006年，叶老师两次到过甘肃，分别到陇南、河西考察。第一次，夏天与兰州大学武文教授、张进博士去陇南，途经通渭、天水、成县、西和等县，主要调查

当地民间文学、民间文化传承情况。回来后，他透露一个信息：西和流传着有关伏羲女娲创世的"史诗"，让我关注。第二次，是冬天，他参加一个由宁夏民间团体组织的西夏文化考察队，沿河西走廊一路西行，经过武威、张掖、嘉峪关、敦煌，寻访与之相关的博物馆和西夏文物遗迹。2007年底到2008年初，叶老师再次到西北考察，先后两次深入临夏、广河，考察齐家文化。第一次，我与哈九清兄、马正华副县长以及叶老师的博士生王倩、唐启翠女士陪同。大家坐在破旧的中巴上，讨论，说笑，唱歌，像吉卜赛人一样。叶老师平易近人，啥都不讲究，他甚至称呼我"玉雷兄"。我认真提醒："一日为师，终身为父，请您叫我名字吧。"他不解释，也不分辩，依然如故。连续几天，他与大家一起，吃手抓，啃大饼，转博物馆，泡很多店铺。回兰州，叶老师到青海考察柳湾遗址，小憩几天，2008年元旦，我们再次去临夏，看很多店铺和私人收藏的陶器、玉器，乘坐大巴带夜返回。我困得一路打瞌睡，叶老师却像小孩子，饶有兴味地把玩购买到的齐家玉件。

2008年底，叶老师汇集这几次考察成果，写成《河西走廊：西部神话与华夏源流》，由云南教育出版社出版。从此，叶老师与甘肃乃至西北的缘分越来越深，他总是创造机会跑向田野，每次都有发现和重大收获。近年来，围绕玉文化研究，叶老师还考察过红山文化、凌家滩文化、石峁文化等遗址，经常出入相关地区的古玩城、博物馆及

｜《河西走廊》书影

收藏家住宅。

2012 年 7 月，我到《丝绸之路》杂志社任职之初，就向叶老师约稿，得赐《黄河水道与玉器时代的齐家古国》，编发。叶老师通过对文献资料研究和田野考察，高屋建瓴，致力于中华文明探源，对华夏文明发生发展中的密码进行探索与解读。这是一项庞大的文化工程。他认为，华夏文明的"DNA"就存在于影响至今却又被人们长久忽视的玉文化中。先民对玉的崇拜发轫于中华民族形成过程中，尽管没有文字记载，但古玉中蕴藏的丰富信息通过造型、体积、品质等特征进行跨越时空的叙事，从古到今，绵延不绝。叶老师在 2012 年结项的中国社会科学院重大项目"中华文明探源的神话学研究"中得出结论：华夏神话之根的主线是玉石神话及由此而形成的玉教信仰，并大致勾勒出玉教神话信仰传播的路线图——北玉南传和东玉西传。北玉南传历时 4000 年之久，在华夏文明史揭开序幕以前，就将玉石神话信仰变成东亚统一政权的意识形态观念基础，为中原王权建构奠定了文化认同的基石。东玉西传大约从距今 6000 年前开始，到距今 4000 年结束，以 4300 年前的湖北石家河文化和 4500 年前的晋南陶寺遗址为突出代表，并通过中原王权的辐射性影响力，传到西部和西北地区，抵达河西走廊一带，以距今 4000 年的齐家文化玉礼器体系为辉煌期，大体完成玉文化传遍全国的过程，给华夏文明的诞生预备好物质和精神互动的核心价值观，并让玉石神话观从古至今弥漫在汉语汉字的各种表达方式之中，成为华夏民族与生俱来的文化遗产。

齐家文化得名于甘肃广河县齐家坪文化遗址。这个遗址早在 20 世纪 20 年代就被安特生发现，90 多年来，不断有新的考古发现。截至 20 世纪末，甘肃、青海两省发现的遗址累计达 1000 多处，一些考古工作者由此推断，在黄河上游的马家窑文化之后，出现了一个延续大约 600

年的西北史前文化，包括今天河西走廊及其东部大片地区，其存在的时间大约为公元前 2140 年到公元前 1529 年。齐家文化的延续时间超过了秦、汉、三国、西晋的时间总和，也超过了隋、唐、五代和北宋的时间之和，大体相当于元、明、清三代时间之和。如此繁盛、持久的史前文化，必然与中原文化产生密切联系。而甘肃自古以来就是从中原通往西域的交通要道。现在，广为人知的是穿过甘肃大部分地区的丝绸古道，人们对以前的交通状况了无所知，或者很少思考这个问题。随着黄河上游、中游齐家文化遗址的考古发现，一条齐家文化时代向中原输送美玉原料的玉石之路逐渐显现出大概轮廓。叶老师推测，当年的运玉之路，主要分为水道和陆路。水道以黄河及洮河、渭河、葫芦河等支流为主，陆路则几乎贯穿了整个甘肃省。

2013 年 3 月，叶先生来兰州。18 日上午，西北师范大学安排叶老师为师生作题为《河西走廊与华夏文明》的报告，主要谈早于丝绸之路的玉石之路。很荣幸，这次报告会由我主持。我不由自主想起他多年来忙忙碌碌奔波于田野、书斋、学校、学术会议之间的劳顿情形，感慨万千。次日，我们途经定西，如愿以偿看了博物馆，然后前往静宁，看"七宝"。

那次，我们主要要寻访玉石之路的陆路。倘若将来考证出从兰州到静宁的道路史前运输过古玉，中原与西域的交通史就要向前推几千年。从有明确记载的丝绸之路开始，这条古道时断时通，一直延续到民国年间的西兰公路，现在则成为连霍高速公路的一段。古老运输队伍难觅踪影，往来不息的是大型货车及其他车辆。这条繁忙的现代化通道与古典时代延续很久的交通大动脉多有重合，虽然看不到明显的遗址，但大家都能明显感觉到。高速路贯穿在深藏于黄土高原连绵群山间的峡谷地带，与一条条大小河流不即不离。那些小溪般的河流懒散随意，从某道沟壑里流出，喘口气，又钻向另一道山沟。对现代交通而言，它们充其量是地图上的一个标志；古典时代，则决定着道路兴衰，尤其是原始交通——例如，目前叶老师呕心沥血求证的玉石之路对水源的依赖性很强。水源就是道路的血液。遥想齐家时代，具有冒险精神的大小族群赶着驮载玉料、玉器或半成品的牛羊，一边畜牧，一边赶路。玉料中，有来自昆仑山、经过多少次转手之后的珍贵和田玉，也有采自甘肃本地的普通玉。这个族群或受雇于某个原始商团，或借游牧之便搞点副业，开开眼界。从兰州到静宁，现代交通工具最多用三个小时走完；而在齐家时代，可能是几个月、几年或几十年，"离开时花未发，归来时果实累累！""出发时懵懂孩童，归来时翩然一少年。"前文字时代，许许多多委婉曲折的故事一层一层沉淀到岁月深处，内涵何等丰富！因此，叶老师感叹说："甘肃就是一个巨大的、敞开的文化文本，里面有大量的文化信息等着学者去进一步发掘、破解。""齐家古国是敦煌文化的原型，又缺乏研究，我们必须填补。"

静宁地处六盘山之西、华家岭以东。东、北毗邻宁夏隆德、西吉，南邻秦安，西接通渭，西北与会宁交通，东南同庄浪相连。著名的葫芦河蜿蜒过境，滋养静宁，从史前到现代，穿越几千年。习惯上，学者们喜欢把神话、伏羲、女娲、葫芦河、成纪、大地湾与静宁联系在一起考察研究。但大多数人忽略了须臾不离身的玉文化，直到静宁"七宝"的出土，才改变了这种局面。

我们到达后，马不停蹄，参观静宁博物馆。静宁毗邻秦安大地湾，分布于境内的新石器时代早期的考古学文化应该属于大地湾文化圈。那时候，先民们唱着古朴的歌，在成纪水、瓦亭水及葫芦河里捞鱼；或喊着号子磨制石器，制作圆底钵、三足钵、圈足碗、深腹罐、三足罐、球腹壶等陶器。冬天来临，大多数人住在圆形地穴式窝棚里御寒，而部落首领则住在相对时尚的半地穴式房屋里。每当大地消融，春暖花开时，大家在平缓的山坡上放火烧荒，耕耘土地，种植他们培育出的我国第一批粮食作物——黍。先民辛勤耕作，推着文明进程中的历史车轮缓慢前进。如今，遗踪难寻，所有信息只能从这些或粗朴或精美的陶器中解读。静宁陶器从大地湾文化一直延续到仰韶文化、马家窑文化、常山下层文化，之后过渡到齐家文化。文物工作者在静宁南部及邻县境内采集到大地湾一期的陶片，也出土了许多绚丽夺目的彩陶，如石岭下类型禾纹曲腹彩陶盆、马家窑类型重圈纹双耳尖底瓶、旋涡纹双耳彩陶瓶，还有属于常山下层文化类型的盆、碗、侈口罐、单耳罐、双耳罐、瓮等泥质橙黄陶。

｜静宁七宝

从大地湾文化开始，原始村落逐渐形成。到仰韶文化早期，房址呈扇状分布，周围环以壕沟御敌。发展到马家窑文化时期，出现密集型原始聚落，产生大大小小的部落酋长。部落之间、部落联盟与异族之间必然产生各种联系，于是，部落图腾、原始宗教及相关的文化符号物自然而然产生。静宁齐家文化遗址十分普遍，分布位置较高，甚至可达山顶，这反映出当时的水源相当丰沛，农业生产也相当发达，对生产工具的需求量也很大。齐家人除了大量磨制石斧、石刀、石镰、石锛和骨铲等，还选用硬度较高的玉料来制作玉铲、玉锛、玉钺、玉凿等小巧精致、刃口锋利的工具，实践中发明的切割、钻孔、磨光等技术广泛应用，日益精湛。在这个基础上，一种专门用于祭祀天地神灵及祖先的琮、璧、璜、环、钺等玉礼器产生，并独立存在。出土文物证实，玉礼器之前，是石礼器。齐家人并没有将石头同玉分裂开，"石之精华者为玉"，他们在制作礼器过程中发现了"玉"这种坚硬而纯粹的石头，并寻觅到祁连山、阿尔金山、昆仑山等山系的玉石，最终采摘到玉石中的精华——和田玉。1984 年，治平乡后柳沟村民挖出一个齐家文化祭祀坑，出土三璧、四琮。三璧质地近和田青玉，尺幅大而罕见；四琮质地近和田青绿玉。其中蚕节纹青绿玉琮最为珍贵，1996 年，国家文物鉴定委员会专家组把该琮确认为国宝，杨伯达先生说它是"齐家文化最优秀的玉琮"，并把这批玉器称为"静宁齐家七宝"。

"七宝"沉雄、高贵、纯粹、精美、大气、灵动。尽管沉默不语，但它们古朴的造型、通透的质地、温润的色泽以及深远的沁蚀都在庄严肃穆地叙述齐家先民凝聚在古老岁月中的期待和希冀，叙述它们见证过的神圣仪式和流血冲突。生活在物质化日益严重、科学技术如此发达的现代社会，大家尚且折服于古玉之魅力，4000 年前的先民们又该是何等崇拜玉器！可以肯定，"七宝"中的蚕节纹青绿玉琮、弦纹青玉琮、青玉璧即便在当时都算是玉中极品，代表着最高的设计、切割、打磨、抛光等系列技术。完成这些大气磅礴作品的，大概是技艺娴熟、享有崇高威望的工艺美术大师。他们所掌握的"非物质文化加工制作技术"并非灵感偶然闪现，乃是借鉴多少代匠师在切磋琢磨等实践活动中总结出的宝贵经验，不断积累，不断改进，传承而来。我想，当"七宝"首次出现在祭祀中，第一次亮相，所有先民，不分等级贵贱，刹那间，都会被完美的造型、流畅的线条及华丽的光泽折服，肃然起敬，沉浸在神秘的氛围中。那一时刻，他们的心灵完全打开，通过玉器，与冥冥中的神灵和逝去的先祖真诚交流，从而达到天、地、人的完全融合。这是一种虔诚仪式，是一种幸福体验，也可以认为是一种豪华的集体娱乐。这些玉器，远离生产劳动，远离实用功能，成为形而上的精神符号。它们是神的语言。而参加祭祀的人们，也怀着与从事劳作、狩猎等现实活动迥然不同的情怀进行每一项内容。在周而复始、不断丰富的仪式中，先民的审美、道德、哲学、伦理等理念逐渐趋同，最终成为古老华夏文明中的文化因子，并深深地融入炎黄子孙的血脉里。前文字时代，传说舜的母亲梦见玉雀入怀，遂生下这位贤明君主。后来的帝王出生前之瑞兆则多为其母梦见龙、熊、太阳之类。先民创造文字时，自然而然将对玉文化的审美理念镶嵌到汉字和成语中，如切磋、琢磨、玉成其事、金玉良言、亭亭玉立、玉树临风、琼浆玉液等。至于带斜玉偏旁的汉字，琮、玦、琼、瑶、瑜、珮、环、珍、珠、瑗等，信手拈来，不胜枚举。可以推断：中华文明的源头就是玉文化崇拜。静宁"七宝"及其他齐家时代的玉器都是令人信服的证据。静宁博物馆中，不但有"源"，也有"流"：玉器展品自"七宝"始，一直延续到战国的玉璜（双岘乡龙加村出土）、汉代的谷纹青玉璧和谷纹青玉璜（李店镇王沟村汉墓出土）及唐代的青玉钗。玉文化基因之顽韧、隽永，由此可见。

据学者初步研究，静宁"七宝"均是质地上好的和田玉。它们的加工地不管在静宁或邻近地区，毫无疑问，原料来源于遥远的昆仑山。1976 年，河南安阳妇好墓出土了大量的玉器，其中就有和田玉。近年来，陕西神木石峁遗址出土了大量属于齐家文化的和田玉器，另外一些玉器的原料，则出自甘肃，有些学者推测是兰州以东的马衔山玉。在如此宏大的空间里完成运输任务，除去各种人为因素，单就山川、河流、气候、荒漠等自然环境中的困难，就够原始先民应对了。也只有强大的中央集权才能组织实施浩大的西玉东输行动。和田玉从新疆运输到神木、安阳等地，都要经过甘肃，而这条道路相对固定。"七宝"及其他古玉证明，静宁很可能就是齐家时代西玉东输中的一个重要集散地，也可以说，它是中华文明进程中的重要一环。

齐家玉器时代之后，静宁经历了商、周及春秋战国时期的氐羌系民族寺洼文化和戎人文化。这两种文化在静宁交融的情景，生动地再现于仁大乡高家沟出土的马鞍口罐，阳坡乡周家峡口出土的簋、豆、鬲、罐等陶器，仁大乡陈坪村戎人墓出土铜镞、车马器具，八里乡郭罗村戎人墓先后出土铜戈、刀削和车马器具，李店乡大庄、仁大乡常坪、高家沟等遗址中出土的数件蛇纹鬲，八里乡郭罗村戎人墓中的啄戈及李店乡店子村出土的透雕鹿形铜饰片等实物上。它们也有力地佐证了静宁就是当时包括匈奴在内的北方草原民族与陇右氐羌、戎狄等族进行文化交流的重要基地。交流，必须以交通为前提。古老的玉石之路依然发挥着作用。

前 279 年，秦国设陇西郡，大概与此同时在静宁设立了成纪县。其后不久，秦昭王修长城，从通渭寺子乡张湾入静宁田堡乡陆湾，过芦湾，四河乡上寨、张河，红寺乡吊岔、张峡，界石铺镇杨渠、陈崖，原安乡高湾、李堡诸村社，出境接西吉县王民。这条长城，与汉武帝修筑的穿越河西走廊直达罗布泊的长城功能相同：抵御外族，保护交通。成纪县就处在关中与陇西郡往来的要道上。前 205 年，汉高祖在静宁中北部设阿阳县。前 138 年，汉武帝派张骞通过甘肃出使西域，倾国力向西拓展。这标志着丝绸之路正式开通。成纪、阿阳位于接通丝绸之路东段南北二线大道的必经之地，因此，前 114 年，汉武帝析陇西郡分设天水郡，辖此二县。至此，玉石之路经过齐家时代的先民及历代各族人民持续不断的踏勘后，终于完成了与丝绸之路的顺利交接。其后，丝绸之路沿线各地经济文化迅速发展，绵延 2000 年。而曾经辉煌的齐家时代及玉石之路却逐渐淹没在历史烟尘中。

人类一方面在现代社会中飞速发展；另一方面，又频频回首，向文明篝火最初烧起的地方眺望。而文献资料、考古发掘、出土文物、民间传说和现代科技使现代人的远眺不再停留于臆想和推测，越来越真切，越来越清晰，越来越准确。

晚上，对着地图，与叶老师研究接下来的活动。一个个地名如同诱人的珍珠，令人遐想。很多静宁考古现场想去，平凉想去，固原也想去，但时间有限。定夺不下来，休息。

3 月 20 日清晨，我们计划沿县乡公路去通渭，顺便考察成纪古城遗址，还可以眺望对面出土过汉司马印的番子坪及距离不远的"七宝"齐家遗址。

成纪古城在治平乡刘河与李店乡王沟、五方河三村接壤处，城墙早已坍陷，但城址依然醒目。成纪河蜿蜒缠绕，形成天然屏障。在通往城址内的小路上，随处可见大量建筑残件、绳头、瓦片、陶器残片之类。昔时城墙内，宫殿楼阁渺然不见，唯有一棵棵排列整齐的苹果树正在竞赛似的开花吐蕊。地面上，散落很多残砖断瓦。据程书记、王镇长介绍，城址塌陷断面上曾发现五眼秦汉古井，城外四周山坡上秦汉墓葬中出土了铜、玉、铁、漆等 500 多件文物，其中有蟠螭纹青玉璧、变体云纹漆耳环、司马獥铜印、树云纹瓦当及"帛美禾大"、"长乐未央"等文字瓦当，等等。蟠螭纹青玉璧与"七宝"一脉相承，遥相呼应。两者出土地也相距不远，都在隔河相望的山坡上。"七宝"出土地近在咫尺，直线距离不过二三里，沿山路到达现场，则需要半天。大家只能凝望一阵番子坪及群山，感知感受。这些山，朴实无华，逶迤绵延，仿佛亘古不变，遗世独立。

山野间还蕴藏着多少奇珍异宝？不得而知。我由衷感叹："深山藏古玉！"

寻访静宁段玉石之路的考察基本结束。去通渭途中，有意外收获，值得一提：发现路边、小河边出现"玉关"、"碧玉"两个标示牌，很惊奇。前几天，我们从地图上看到过"碧玉"这个镶嵌在黄土高原中的地名，曾向通渭籍朋友丁虎生、丁宏武了解过。"碧玉"指碧玉乡、碧玉村，历史非常悠久，8000年前就有人类活动。"玉关"当指"碧玉关"，其所在地古城遗址至今尚存，以前天水至兰州的公路从碧玉关穿城而过。历史上，那里曾

碧玉村 |

建过西羌襄戎古国。顺着这个线索挖下去，肯定有很多发现，但想着时间紧迫，无缘拜会，未料，不期而遇！

于是，停车碧玉村，同村民攀谈。他们说，这里曾是丝绸之路的一个驿站，紧邻小河叫碧玉河，以前常有玉石自河床冲下来，因为上游有个古老的玉矿。叶老师问远不远？他想去看看。村民笑了："极难到达，我们去也得爬半天山呢。"

关于"碧玉"之得名村民说不清。毋庸置疑，应该与玉有关。

或许，4000年前，这里开采的玉石络绎不绝运往静宁，又经静宁

｜叶舒宪在碧玉村购买到的玉

辗转流通到宁夏固原、陕西神木及河南、山东一带。倘若真是如此，我们风尘仆仆走了几小时的山间公路，也曾是玉石之路一个分支?!

四、考察序曲，从武胜驿到乌鞘岭

叶舒宪先生多次说，河西走廊是重要通道，有机会一定去考察。经过艰难曲折的前期准备，终于，2014 年 7 月 11 日，我们开始实施考察计划了。

考察的序幕从迎接叶茂林、易华开始。

2014 年 7 月 11 日清晨 7 点 40 分，从兰州火车站接到叶茂林、易华，吃碗牛肉面，就要去定西看博物馆——因为车限时段，我们站在广场上消耗多余的几十分钟时间。

去年，首次到喇家，叶茂林先生的草帽给我留下很深印象。这次，他换上与时代节奏相合的流行灰帽，以便遮盖越来越白的头发。我们诚邀叶先生参加全程考察，他再三说最近特别忙，活总干不完，而且身体也越来越不好，尤其是胃，长期在田野工作，吃不到合口的饭。

我猛然发觉他确实消瘦了。

易华兄不停地拍牛肉，拍菜，拍一切他觉得新鲜好玩的。他还抱怨已经上大三的孩子曾经迷恋网络游戏呢，自己都一点不节制。我不停地请教问题，把他从微信拉回到现实。他就谈日本问题，谈新疆喀什、伊犁的调查，谈公车超标和文山会海。

9 点到了，出发。军政驾车，他担任此次考察活动的摄影，兼后勤保障。从火车站广场到天水路，只有几米远，但进入车道，磨蹭了将近半个小时。堵车无处无不在。

《兰州晨报》记者雷媛来电话，她和摄影记者田蹊也出发了。

上高速，我见缝插针，动员叶茂林先生参加全程考察。他意志很坚定，丝毫不动摇。

今年雨水好，沿途两边山都披着绿茵茵的轻纱，薄雾笼罩，酝酿着古意，很切合探访齐家文化的主题。一路畅通，到定西。下高速，等待雷媛时，交警过来，和善地让我们离开。我刚刚开始学车，懂一些交规，知道高速入口附近不能久留。但雷媛第一次去众甫，很难找到。于是，给交警说了情况，他通融了，同意我们的车往前开几米，暂停。几分钟后，雷媛的车也出了高速，一同出发。

到定西看博物馆，参观，随便拍照。

雷媛神秘地对我说，田记者有两块玉件，想给叶茂林、易华两位先生鉴定。我要来看看，建议等刘馆长来鉴定。

叶茂林、易华两位先生看得很认真。看完玉器，看彩陶，很多的异形罐。其中有大小不等的鸟形罐，与甘肃农村的夜壶形制极像，不过，大多是瓷质。我爷爷就用夜壶，早晨拿出去倒掉，晚上拿进来，这是孙子辈的主要作业之一。我小时候经常干这些活。长辈怕我们忘了，晚上常常要提醒。在我们之前，出嫁较早的大姐专职去送夜壶，有一次不小心摔出去，摔破，成为大家经常说起的笑谈。叶茂林先生说他在青海普查文物时，也有老百姓拿来夜壶。当地官员很愤怒，斥责。但夜壶确实是古物，清代、明代都有。

不过，史前人类怎么可能用如此珍贵的彩陶作为夜壶？

我"文学性"地认为：可能因为一次偶发事件，某位史前部落首领憋急了，顺手拿饮器作为夜壶用。用了一次，就不能再当饮器，于是，陶器的功能便发生变化，并且永远定格。其他大小部落酋长得闻，也纷纷仿效。于是，最早的夜壶就被发明出来了。

叶茂林哈哈大笑。

中午刘馆长在农家乐招待大家吃地地道道的定西饭。田记者请他鉴定玉件，刘馆长只看了一眼就说："这是最低档次的假货。以后出去，千万别乱买东西，很多地方99.9%的都是假货，一买就上当。真正的好东西，行外人根本见不着。"

田记者脸色唰地变了，受到很大打击。

我曾经上当受骗，花2.6万元买了一件假货。摆脱阴影花了几年时间。不过，上当受骗的感觉在写《敦煌遗书》时转嫁给了斯坦因和他的恩师霍恩雷，也算是一些补偿吧。

2014年7月13日上午，由中共甘肃省委宣传部、甘肃省文物局、西北师范大学、中国文学人类学研究会主办，丝绸之路与华夏文明协同创新中心、西北师范大学《丝绸之路》杂志社、武威市广播电视台等单位承办的"中国玉石之路与齐家文化研讨会"暨"玉帛之路文化考察活动"启动仪式在兰州市西北师范大学举行。甘肃省委常委、省委宣传部部长连辑，甘肃省教育厅厅长王嘉毅，甘肃省文物局局长马玉萍，西北师范大学党委书记刘基，西北师范大学校长刘仲奎，副校长丁虎生，甘肃省先秦文学与文化研究中心主任赵逵夫教授，中国文学人类学研究会会长、中国民间文艺家协会副主席叶舒宪，中国社会科学院考古研究所研究员叶茂林，中国社会科学院人类学与民族学研究所研究员易华，新疆师范大学民族学与社会学学院副院长刘学堂教授及甘肃省相关方面的专家、学者张德芳、刘再聪，以及收藏家、文化企业家洪涛、刘子毅等先生出席了本次研讨会和考察活动启动仪式。

　　研讨会后，为期两周的玉帛之路文化考察活动正式启动，参与考察活动的专家、学者有文化部原副部长、故宫博物院院长郑欣淼，作家、阿克苏地区人大主任卢法政，画家、苏州工艺美术学院教授方向军，叶舒宪，叶茂林，易华，刘学堂，刘歧江，复旦大学博士后安琪，作家、西藏大学宣传部孙海芳，武威电视台新闻部主任徐永盛及摄影师冯旭文、何成裕、军政等。

　　由于学生放假，参加的人很少。大家都担心主席台上的领导会不悦，因此都有些紧张。没想到，叶舒宪、赵逵夫等先生发言后，连部长在总结时开头说："这次会议是我到甘肃工作以来人数最少的一次，也是最有意义的一次。"

　　大家报以热烈掌声，立即轻松下来。

　　连部长讲完话，授旗。我从连部长手里接过了考察团团旗。

　　……

　　下午2时20分，考察团正式出发。

　　我们没有上高速，走老路，要翻越乌鞘岭，近距离接触汉长城。过龙泉、中铺、海藏寺等地，经过一段山坡，阳光直射，冰雹来袭，算是进入乌鞘岭的洗礼。来到乌鞘岭脚下，赫然可见马牙雪山和插向庄浪河谷底的汉长城。

　　乌鞘岭脚下有个著名驿站——武胜驿。它处在庄浪河谷地最西北端，境内西

考察活动启动仪式现场

北有喜鹊岭（海拔 3244
米）、标杆山（海拔
3631 米）、奖俊岭（海
拔 3455 米）、鸡冠山
（海拔 3261 米），这些
山岭峻拔雄伟，形成大
川、小川、武胜驿谷
地、富强谷地，这里山
峰围拢，四面高山险峰

连辑部长授旗 |

形成盆地，庄浪河从中流过，武胜驿驿站所在地为最开阔处，最宽处为
1000～1500 米，最窄处只有 200 米，为天然通道。其最早历史可上溯
到前 121 年，霍去病渡黄河，在今永登筑令居塞，然后西逐诸羌，北却
匈奴，在今武胜驿富强堡一带俘获羌族部落首领并开通河西。汉代苦心
经营，汉长城横穿武胜驿，又在此设杨非亭，作为监视外敌、警戒边防
的重要军事设施。自此，西域与中原的大道全面开通。武胜驿因处在凉
州与兰州的中间，是丝绸贸易、茶马互市、文化交流、佛教东传、军事
防务的重镇要塞，为保证丝路畅通，历史上不仅设重兵防守，而且屡修
庄浪河桥。清道光年间，平番县令吴龙光还支持重建武胜驿永济桥。咸
丰三年（1853 年）被洪水冲毁后又重建。民国时，县知事胡执中重修，
并改名广济桥。武胜驿始终是兵家必争之地，也是中原王朝扼守金城兰
州的西北大门，时而民族纷争，时而中西交战，时而繁忙纷乱，时而紧
张喧闹，断断续续延续了 2000 多年，直到近代，甘新公路、兰铁铁路
横穿而过，依然发挥驿站作用。昔时，长途车司机从兰州出发，到此休
息，用餐。潜规则是司机用餐免费。因国道经过，非常红火，录像厅、
卡拉 OK 等娱乐设施一应俱全。连霍高速公路开通后，武胜驿迅速衰落，

但没有彻底废弃，因为不少大型货车司机为停车方便，还是选择在此休整。

汽车到达山顶，大家下车，登上右边绿茵茵的草山，俯瞰乌鞘岭。狼毒花遍地开放，煞是美丽。山谷里，阳光穿出云层，倾泻而下的数道光柱，气魄宏大，壮阔。对面山峰与云雾弥合升腾，如大快朵颐的泼墨山水。我们深悉，此后考察大多时间将出入戈壁沙漠，乌鞘岭绿色草甸是壮行酒、送别歌。大家尽情释放，尽情呼吸。之后，开始沿着古朴道路缓慢下山。不断升高的温度和两边山谷、山沟、台地变化的风景表明，海拔在迅速降低。

翻越乌鞘岭，就进入了河西走廊。多年来，我和朋友刘炘对进入河西走廊的通道格外瞩目，曾筹划逐个穿越古老山口。2014 年 6 月，中国与吉尔吉斯斯坦、哈萨克斯坦联合成功申报"丝绸之路：长安—天山廊道的路网"世界文化遗产项目。我觉得这个名称很好，因为古老丝绸之路或者更早的玉石之路，如同橡树枝，纵横交错，怎么可能像今天的高速公路，两边围栏封成单纯一条？我们此次考察地域，主要在河西走廊、青海，但也涉及与青藏高原、蒙古高原相关的一些"路网"，我顺便将构成河西走廊"路网"的主要天然通道作一梳理。

李并成先生研究认为洪源谷即今古浪峡。另据严耕望、李并成先生考证，洪源谷附近有洪池岭，即今乌鞘岭，它们都位于金城到凉州的大道上。因此，洪源谷当是今乌鞘岭北古浪峡谷。该峡谷地形狭长，地势险要，为古丝绸之路上的金关铁锁。《新唐书》载，唐在洪源谷南端今乌鞘岭一带设洪池府，控遏洪源谷。《大慈恩寺三藏法师传》载，玄奘法师西行求经，由长安经秦州等地到达兰州，取道洪池岭至凉州。699 年，吐蕃内乱，论钦陵弟论赞婆率所部千余人降唐。武后以为右卫大将军，使将其众守洪源谷。700 年，吐蕃大将趣莽布支率骑数万侵袭凉州，入洪源谷，将围昌松（唐昌松县位置为今古浪县城所在位置），陇右诸军大使唐休璟以数千人大破之。据此，吐蕃经洪源谷进攻凉州的路线应是自青海省东境，渡大通河，进入天祝藏族自治县，然后经洪池府进入洪源谷，再经昌松县到凉州。这条道可能与西宁市经互助到天祝华藏寺的公路大致重合。

2011 年 7 月 26 日，我与诗人、天祝县文联副主席仁谦才华在安远镇会面，然后翻越乌鞘岭，考察汉长城，有一段路就在古浪峡中。

白山戍道也是一条穿越乌鞘岭的重要廊道。《新唐书·地理志》载，凉州昌松县有白山戍。《元和郡县图志》又称："白马戍，在县东北五十里。"据李并成先生考证研究，今古浪县城东北方向 70 公里许大靖镇北 1 公里、大靖河出山口处有故城头，就是位于丝绸之路东西、南北交往丁字路口的白山戍。故城头向西通凉州，向东经唐新泉军治所，直抵乌兰关黄河渡口。这也是古代西渡黄河后通往凉州的丝路北道。另外，大靖河发源祁连山东端毛毛山北麓，逶迤北流，草茂林深，谷地狭长，为天然通道。河谷南行，通庄浪河谷，西与青海连通，成为羌蕃北来之孔道。

柳条河谷是青海与河西走廊相通的又一条古代通道，在和戎城、昌松城故地与古浪峡交汇。清代诗人丁盛 《咏古浪》："开源从汉始，辟土自初唐；驿路通三辅，峡门控五凉；谷风吹日冷，山雨逐云忙；欲问千秋事，山高水更长。"

从古浪往北，一马平川，可通武威、景泰，地理位置十分重要。新时代以来，人们翻越乌鞘岭后往往直达武威，将这个有着悠久历史文化的古城忽略了。因考察任务紧，我们没有停留，经过武威，与徐永盛会合，一路驰往民勤。

2011 年 7 月 22 日，我从武威前往民勤考察，也走这条道。两边风景变化不大，洪水河、红崖山水库，依然如旧。当年，7月23日，炎热的早晨，我从民勤出发，寻访连城、古城、青土湖、三角城。出县城不久，两辆越野车即离开大道，开始在沙窝中穿行。后面的一辆车陷进沙窝。周边，黄沙漫漫。我们返回，救援。大家费一番周折，推出车，商讨是否冒险去四五公里之遥的古城。为了不影响后面行程，只能选择放弃。我们又前往连城，也无法进入，便返回连古城管理站。午餐后，前往青土湖。青土湖北距民勤县城160公里，西汉初期叫潴野泽、休屠泽，4000平方公里；隋、唐时分为两部分：西边叫休屠泽，东边叫白亭海，1300平方公里；明、清时叫青土湖，400平方公里；1924年仍叫青土湖，却120平方公里；1959年彻底干涸。现在虽然还叫青土湖，却滴水全无。从谭其骧先生主编的《中国历史地图集陇右道东部》(隋唐时期)看，向北延伸的长城到马城河（即现在的石羊河）下游分支分别注入白亭海、休屠泽的地方，转而向西。我推测，长城之所以转弯，大概由于这里以北都是沼泽地了。马城河右岸，有明威戍（在今民勤县城之南），再往北，百亭海之南，是白亭守捉。

我们到达青土湖湖盆较低处。民勤朋友方先生和陈老师采摘来一种叫羊角蔓蔓或羊奶角角的植物果实，好吃。(有名为"岁月飘香"的网友在博客中看见留言说："冯老师，羊奶角角好吃吗？这几张照片看得我眼睛都潮了，勾起儿时的美好回忆。")之后，我们寻访到红沙梁乡三角城，拍摄千姿百态的沙生植物——梭梭……

现在，汽车就着傍晚的清凉，穿越庄稼地、红柳丛、白杨树，美景如酒，真醉人。当年，安特生和他的助手们，还有夏鼐、裴文中、贾兰坡等先生在沙漠小城民勤周边考察时，饱尝炎热和辛苦，也饱览大漠的壮丽美景。

五、民勤沙井文化遗址，休屠王

　　尽管抵达民勤县城时已经是 9 点多，这天的行程却颇为轻松、愉快。迎接我们的还是民勤宣传部杨部长和宣传部副部长张永文等人。

　　因为明天要赶早进沙漠，大家匆匆用过晚餐，休息。

　　7 月 14 日，大晴天，太阳还未正式登临宝座，已经感受到丝丝热浪。这种天气对进沙漠考察来说，很艰难。大家准时出发，前往红沙梁三角城。这是此行考察的第一个文化遗址，又是安特生、夏鼐、裴文中、贾兰坡等先生曾经作业的现场，大家心情都比较激动。汽车驶离县城，跑一阵，拐进镶嵌在绿色田野中的便道。绿色掩盖了热意，心旷神怡。有人咏诵罗家伦《咏五云楼》诗："绿荫丛外麦毵毵，竟见芦花水一湾。不望山顶祁连雪，错将张掖认江南。"叶舒宪先生却对窗外美景视而不见，拿着地图，在车子的颠簸中寻找三角城。汽车到了沙漠与田地的结合部，很多田地中都出现孤岛般被红柳罩住的大沙丘，显现着沙漠侵占农田的凶悍。再走一阵，汽车完全进入荒漠沙丘间，到了甘肃民勤连古城国家级自然保护区。这个保护区是全国面积最大的荒漠生态类型国家级自然保护区，东北被腾格里沙漠包围，西北环绕巴丹吉林沙漠，北、西、南三面保护民勤绿洲。眼前尽是荒凉的沙丘和气息奄奄的沙生植物，但在若干年前，应该是水草丰茂，林地遮蔽。不然，怎么会有人类生存繁衍，创造出绵延不断、灿烂辉煌的史前文化和古代文明？日月更迭，沧海桑田，现在，白刺、沙拐枣、麻黄、柽柳、胡杨、绵刺、沙冬青、肉苁蓉、斑子麻黄、朝天委陵菜、甘草、短芒披碱草等植物和金雕、鸢、苍鹰、雀鹰、白头鹞、游隼、灰背隼、荒漠猫、鹅喉羚等野生动物成为这片浸透古老文化大地上的主人，但沙井文化遗址（柳湖墩遗址、火石滩遗址和小井子滩遗址）、古城遗址（连城遗址、古城遗址、三角城遗址）、驿铺遗址（宁边驿、黑山驿遗址）、古墓葬、古建筑（汉明代长城、烽隧）等古人类文化遗址在沙海包围中艰难呼吸，深情叙说。

90年前，安特生和他的助手们循迹而来，揭开了古老民勤的面纱。现在，我们随其后，要通过那些细石器和陶片，倾听沙井时期先民的忧虑和喜悦。

三角城坐落在沙丘与梭梭构成的浅绿色荒滩中，保护区工作人员为观察瞭望建造的三角木架遥遥可见。近在咫尺，客车难以到达，我们徒步前往。空阔寂静，热气蒸腾。壁虎、蜥蜴、小甲虫等动物在滚烫的沙滩上弱弱运行。我们拖着自己的影子跋涉，虽然说说笑笑，但时间和声音似乎都要凝滞。在深远的沙漠或戈壁滩行走，常常会产生这种感觉。过了大约半小时，抵达三角城脚下，很容易就看见凸起的、裸露的史前窑址。这个窑址的保护基本完整，没有发掘过，只有风沙和岁月作用过的沧桑痕迹。大家围拢过去，很容易捡到一些陶片和陶泥。叶舒宪、易华先生的经验比较丰富，他们兴奋地给大家讲解。考古学家、新疆师范大学教授刘学堂先生为这个珍贵窑址未得到保护感到遗憾，他再三建议用围栏围起来，免遭踩踏。

甘肃境内以"三角城"命名的古代城址不少。这一带，除了民勤红沙梁三角城，还有永昌双湾乡尚家沟三角城。1924年，安特生考察的是永昌三角城和民勤柳湖村、沙井子、黄蒿井等地。1976 年，永昌三角城发现了陶器、铜刀和铜镞等文物。1978 年，永昌县又发现蛤蟆墩墓葬，捡到青铜刀具和各种青铜连珠饰牌。1979 年 6 月到 1981 年 11 月，甘肃省文物工作队开始发掘上述两遗址，清理墓葬 585 座，出土陶、石、铜、铁等器物 2000 余件。这是沙井文化命名以来首次大规模发掘。此外，天祝董家台，兰州黄河南岸范家坪、杏核台，永昌鸳鸯池，永登榆树沟等地也发现同类遗存。沙井文化在考古学中属于商周时期文化遗存，以夹砂红陶为主，大都加掺和料，质地很粗，手制。绳纹较多，也有划纹、篦纹、席芨纹。器型以单耳或双耳圈底罐、平底罐和桶状杯为典型，也有陶鬲、彩陶，石器与铜器共存。铜器器型丰富，有铜刀、铜炮、铜连珠形饰、铜管、铜坠和铜铃等，形制多与鄂尔多斯青铜器相似。史载这一时期河西主流居民是羌族和月氏人，他们很可能就是沙井文化的缔造者。

我们采集到样品后，离开窑址，沿着坍塌的墙址攀登上巍峨的三角城。风嗖嗖响。三角木架仍在，喜鹊窝仍在。遍地都是陶片、残砖。周边是梭梭林，据介绍，大约有 10 万亩，多为人工栽植。石羊河曾经从城外流过，古河道冲刷过的痕迹赫然在目。石羊河流过三角城不久，与大西河一同注入终端湖——青土湖，古代生态应该很好。安特生在民勤考察时发掘出的彩陶双耳圈底罐等器物多绘以独特的、不见于其他彩陶文化的连续水鸟纹，似可佐证。若生态不好，三角城怎么可能在历史长河中延续如此之久？

三角城遗址中的城址、房址、墓葬群、祭祀坑、窑址等形成一座史前西北文化的宝库。以前，人们认为游牧民族逐水草而居，流动转场，居无定所。三角城遗址则呈现了游牧民族的另外一种生活图景。

天气越来越热。大家带着一身尘土，离开沙丘，返回县城，参观完博物馆，下午，直奔沙井柳湖墩遗址。这是一条古朴的乡村便道，汽车走到一道水渠边，再不能前行。于是，大家就着沙枣树赏赐的片片绿荫，穿过葡萄园，登上平缓的沙山。忽然，走在我前边的徐永盛像原始人那样嗷嗷惊叫起来。我忘了酷热，急忙跑过去。他发现了一只兔子，已跑得无影无踪。叶舒宪等人也陆续跟上来。沙丘之南，是一小片绿洲，玉米、油葵旺盛生长。沙井柳湖墩遗址还在小绿洲之南，据说已经被流沙覆盖，地面无迹可寻。柳湖墩遗址与黄土槽、高蒿井、连城四处史前文化遗址分布在古大西河、古石羊河近旁，至今，地形依稀可辨。徐永盛曾率摄制组拍摄过一部纪录片《寻找大西河》，跑完了古河道。

沙井文化是陶器时代的回光返照，是史前人类活动的余烬燹影，是河西文明的晨曦，是沙井文化中国史前考古活动不可缺少的一页。

7月14日下午，酷热中，汽车驰往武威。途经石羊河水库，大家下车透气，歇息，远眺一阵石羊河的泄洪口，继续前行。

闲谈三角城建筑材料，不知谁起的头，我同易华就砖和胡基的问题激烈争论起来。易华认为，砖发明于两河流域，分为生砖和熟砖，胡基不过火，应属于生砖。我认为胡基就是胡基，砖就是砖。叶舒宪、刘学堂等人也不打盹了，参与进来，亦庄亦谐讨论。易华固执己见，"舌战群雄"，灰白色胡子也似乎振振有词。甘肃农村主要建筑材料是胡基，我对其打制、用法颇为熟悉。易华既然认为胡基就是砖，那么，理所当然，它也从西亚传播进来。对此我没有研究过，不敢贸然肯定或否定。胡基，是方言，通常叫"土坯"，胡国瑞《跃进歌声飘过河》："打着胡基唱山歌，跃进歌声飘过河。"而砖是用黏土烧成的长方形块状建材，分烧结砖（主要指黏土砖）和非烧结砖（灰砂砖、粉煤灰砖等），俗称砖头。黏土砖经泥料处理、成型、干燥和焙烧而成。中国在春秋战国时期就创制出方形砖、长方形砖，秦汉时期，技术、生产规模、质量和花式品种都有显著发展，世称"秦砖汉瓦"。而胡基则大多用于民间建筑，长城、烽火台、烽燧等也常用。查阅史料，《诗经·豳风·七月》："七月流火，九月授衣。一之日觱发，二之日栗烈。无衣无褐，何以卒岁……七月在野，八月在宇，九月在户，十月蟋蟀，入我床下。穹窒熏鼠，塞向墐户……"孔颖达疏："墐户，明是用泥涂之，故以墐为涂也。"苏轼《秋阳赋》："居不墐户，出不仰笠，暑不言病，以无忘秋阳之德。"纪昀《阅微草堂笔记·滦阳消夏录四》："披裘御雪，墐户避风。"贝青乔《冬窗杂兴》诗："涛声万壑沸乔松，墐户围炉逸兴浓。"钮琇《觚剩续编·雁翎刀》："居民互相惊告，以为鬼至，每日向夕，辄闭门墐户。"这些用法，都意为关闭门窗，堵塞洞穴，多指防备之严。墐还与其他词连用，如墐涂(用泥涂抹)、墐户(涂塞门窗孔隙)、墐灶(修砌炉灶)。墐户与胡基有无关联？待考。不管学者考证出胡基是"墐户"或"户墐"的转音，或者依据可靠证据弄清楚胡基就是生砖，来自西亚，都有意义。

值得一提的是，甘肃、兰州方言中有不少词可以推到《诗经》或古

武威雷台汉墓博物馆 |

汉语里，语言学家早就注意到了这个文化现象。

关于胡基的争论驱散大家的睡意和天气的闷热，而且持续很长时间，几乎贯穿考察路途和用餐中。

临近黄昏，考察团到达武威雷台汉墓博物馆。

这里出土过著名的"马踏飞燕"铜像。我曾经两次参观过这个博物馆，这一次，才与休屠王联系起来考察。从 7 月 13 日下午踏上武威的土地开始，直到现在，我们都在休屠王的领地上活动，三角城大量陶器碎片或许就是月氏人与匈奴的对抗中破碎的。

秦二世元年（前 209 年），匈奴首领头曼为其子冒顿所杀，冒顿继位后，乘中原战乱，迅速强大。汉文帝前元十四年（前 166 年），匈奴击败月氏（沙井文化是不是就在那场战争中退出了历史舞台？），将河西变为广阔牧场，设立统治机构，派浑邪、休屠二王分管河西东部与西部。民勤、武威大片地域都是休屠王属地。青土湖当时分为两部分，分别叫休屠泽、潴野泽。休屠王驻牧在谷水流域（今凉州区、民勤县、永昌县水源、朱王堡境内），在谷水（今石羊河）中游建筑休屠王城（在今凉州区四坝乡三岔堡村）。北魏郦道元《水经注》说："（都野）泽水又东北流经马城东，城即休屠县之故城也，本匈奴休屠王都。"唐代《元和郡县图志》载："休屠城，在（姑臧）县北六十里。汉休屠县也。"汉武帝元狩二年（前 121 年）春，霍去病率骑兵万人打通河西走廊，浑邪、休屠二王率残部四万余向汉军投降。休屠王临场变卦，被浑邪王所杀，其子日磾拘送汉军，沦为宫奴。太初三年（前 102 年）置休屠县，为北部都尉治所，属武威郡辖。休屠城及其附近驻有两个郡一级军事机构，东汉时仍为休屠。魏晋时，休屠县建制消失。如今，旧城废址依然坐落在沙枣树、白杨树拥抱中的田野间，随处可见夹砂红陶片、灰陶片等遗物，此地曾出土过匈奴瓦当、汉五铢钱、铜器等。

休屠王在历史中昙花一现，他的儿子日磾却非同凡响。

日磾最初被安排在黄门署养马，他以正直人品和熟练技能赢得汉武帝赏识，不久便拜为马监，接着提升为侍中、驸马都尉、光禄大夫。因其父休屠王"作金人以为匈奴祭天主"之故，得赐金姓。汉武帝踌躇满志，作《天马歌》："天马徕兮从西极，经万里兮归有德；承灵威兮障外国，涉流沙兮四夷服；太一贡兮天马下，沾赤汗兮沫流赭；骋容与兮驰万里，今安匹兮龙为友……"表达对天马和优秀人才的渴望。

人们对金日磾崇拜敬仰，将他美化、神化，尊崇为"马王爷"、"天马之父"，修庙建观，供奉祭祀，到东汉时期，更将爱马、养马、崇拜马、崇拜金日磾的不了情结，熔铸成了著名的"马踏飞燕"。至今，民勤好多地名与金日磾和休屠国有关：野马泉、天马湖、马王庙、马河城、马湖、西马湖水库、金家庄、休屠泽、休屠城……金日磾之子金赏娶霍光女儿为妻，后裔几经轮回，其中一支在明朝万历年间回到民勤县，在休屠城东侧安家落户，形成自然村落——蔡旗乡金家庄。

近年来，韩国金姓人士也常常到武威寻根问祖。

这里顺便谈一下金玉问题。匈奴人崇金，休屠王铸祭天金人。我推测，匈奴人所祭之天，当指"祁连山"（匈奴语，意为天）。《山海经》载："姑臧南山多金玉，亦有青雄黄，英水出焉。"姑臧南山指武威之南的祁连山，盛产黄金和美玉。休屠王铸金人，是否从姑臧南山采金？姑臧南山是青海鄯州，当年那里的羌人是不是也前来挖掘金玉？羌族与匈奴会不会因为抢夺资源发动战争？横亘在凉州与鄯州之间的姑臧南山有没有天然通道呢？有！史料明确记载了张掖守捉道。史念海先生曾论及。西汉时，武威郡在其下辖张掖县故城址（在今武威南境祁连山麓、张义堡一带）设张掖守捉，控制凉州、鄯州之间的大道。经由此守捉，青海与河西走廊相通。史载，737年，孙诲、赵惠琮矫诏令河西节度使崔希逸出击吐蕃。希逸发兵自凉州南入吐蕃境两千余里，与吐蕃大战。当时崔希逸行军即走此道。

因此，古代凉州与青海的主要通道就是张掖守捉道。2011年7月，我曾拜谒天梯山，到过张义堡。那里有一片盆地，正在山口位置，适合建县屯兵。

参观完博物馆，就结束这一天的考察。按照计划，次日参观完皇娘娘台遗址，就要去山丹。

2011年7月22日上午，我和武威文化工作者胡鼎生先生造访过皇娘娘台新石器文化遗址。胡鼎生的朋友李自珍驾驶越野车在坎坎坷坷的沙路一路狂奔，颠得人喘不过气来，他得意地说："拜谒文化的路，必须留下深刻印象！"那次，我们只看到茂盛的玉米地和邻近荒滩。明天，或许是另外一番景象了。

皇娘娘台，亦称尹夫人台。尹夫人是西凉国王李暠的妻子，在李暠创建的西凉政绩中，倾注着她许多心血和智慧，为此有人把西凉政权称为"李尹政权"。尹氏，是天水郡尹文之女，后来随父移居姑臧（今武威），她姿容秀丽，好学多才。东晋义熙十三年（417年）二月，李暠卒，其子李歆继位，尹氏被尊为太后。不久，李歆起兵攻打北凉。尹氏从人民生息和民族团结的愿望出发，劝阻李歆，但遭拒绝。晋元熙二年（420年），西凉被北凉沮渠蒙逊所灭，李歆战死。尹夫人被沮渠蒙逊掳来国都姑臧，在西汉末年窦融所筑的台基上为她修建房子，让她住。沮渠蒙逊还让儿子沮渠茂虔娶尹氏女儿为妻。李渊系西凉国王李暠"十六世子孙"，为纪念祖先，在姑臧尹夫人台基础上修建一座大寺院，名叫"尹台寺"。诗人岑参曾登临此台，作《登凉州尹台寺》："胡地三月半，犁花今始开。因从老僧饭，更上夫人台。清唱云不去，弹弦风飒来。应须一倒载，还似山公回。"

7月15日清晨，凉风习习，我们在一家小店里吃武威著名的"三套车"。饭菜上来前，我郑重其事请刘学堂教授代表考察团向大家重申考察纪律，务必保护好文物和文化遗址。

大家欣然接受。

资料显示，皇娘娘台是中国西北地区新石器时代晚期至青铜时代早期齐家文化遗址之一，1957～1975年曾进行四次发掘，出土陶器、石器、骨角器、铜器、卜骨、骨器、玉器等。其中的刀、锥、钻、凿、环等30件红铜器和一些铜渣，是中国迄今成批出土年代最早的红铜器。

皇娘娘台遗址 |

石器有斧、刀、凿、镰、镞、纺轮、刮削器等生产工具，种类很多。骨器有针、凿、锥、镞、叉，还有牛、羊、猪、狗、鹿等兽骨，种类也较多。卜骨数量很多，但较原始，与殷商时期差别较大。另外还有石璧、玉璧、玉璜、绿松石珠、粗玉石片、红铜器、陶器和猪下颚骨等，个别男性身上集中放置有80多件玉璧。

皇娘娘台遗址属于齐家文化，也掺杂马家窑文化和马厂类型文化。

这些出土文物证明，中原地区进入商代以后，河西尚滞留在铜石并用时代，周人入甘后，才开始与中原文明融合。

我们渴望见到皇娘娘台遗址，有朝圣的感觉。但是，给我们带路的同志却不知道具体地址，他不断打电话求证、寻找。我很纳闷。当年，做生意的散人李自珍都能找到郊外的著名文化遗址，文化部门的人竟然不熟悉！

走走停停，经过一段尘土飞扬的大路，汽车颠簸如醉汉，缓慢移动许久，才看见了依然油绿的玉米地、废弃砖窑和残破土墙……皇娘娘台呢？

向导请大家下车，穿越一道深沟，走过去。我们在铲车推过的地面上捡到了陶器碎片。上了土坡，前面是堆积成一道道逶迤小山般的瓦砾和沙土。南边最高处是祁连山，低处是参差楼影。铲车的轰鸣声从四处隆隆传来。

找不到皇娘娘台遗址碑。不知被埋了，还是毁了。偌大的凉州，竟然容不下一块石碑！大家感叹一阵，黯然离开。

瓦砾堆掩盖的武威皇娘娘台文化遗址给大家心里蒙上了一层阴影。汽车上了高速，向山丹驰骋。绿色田地很快退出视野，两边尽情呈现大片大片戈壁和荒草滩。

祁连山灰蒙蒙的，下了一阵毛毛雨。车内鸦雀无声。叶舒宪先生仔细查阅地图。其他几人或打盹，或沉思，或者怅然望着窗外。

为了打破沉闷气氛，我提议大家介绍一下各自专业领域内的探索成果。刘学堂、安琪先后演讲。

当晚，易华先生写了一篇文章《救救皇娘娘台遗址》，新华网、每日甘肃网发表后，各大网站疯转，说明人们非常关注文化遗址的保护工作。

六、圣者，圣行，还有龙首山下的四坝滩

张掖考察的第一站是山丹县。7 月 15 日，我们经过长途跋涉，沿途拍汉长城，拍祁连山，拍绣花庙，寻找胭脂山，终于到马营，下高速。烈日当空，骄阳似火，正是中午最热时。

已经下午两点。张掖市文广局和山丹县文广局的工作人员驱车带路，从高速公路旁的一个便道逆行近一个小时，前面路断，折返。我不解，询问，才知道山丹文广局工作人员发现一段山间丝绸之路古道遗址，要让我们先睹为快。这一带叫羊虎沟，曾为沼泽、滩涂，人畜难通，只能从山腰间经过。因为高速公路阻挡，我们只能遥望其大概形迹。

之后，到老军乡草草用完便餐，就去硖口古城。汽车在干燥得快要冒烟的花草滩里轰鸣一阵，便驰往祁连山下的平缓山坡上。硖口汉长城、明长城遗址和硖口古城堡盘踞这里。

古硖口地处河西走廊蜂腰地带，地势险峻。汉代，硖口被称为泽索谷，汉昭帝（刘弗陵）始元二年（前 85 年），为防御匈奴入侵，置日勒都尉，屯兵设防，移民屯田。这是硖口最早设防的记载。此后，它便成中原通往西域的交通要道，也是古丝绸之路的重要驿站。明清两代扩大防

守，属山丹卫管辖。明嘉靖三十一年（1553年），刑部郎中陈棐奉敕巡察河西兵防时，在最狭窄处题写下"锁控金川"四个大字，说明硖口在扼控甘凉咽喉的险要地理位置。明万历元年（1573年），巡扶都御使廖逢节率兵重修，加固，增设防御设施，固若金汤，又称"生铁城"。明万历二年（1574年），都司赵良臣在石碑上题"硖口古城堡"。明万历四十八年（1620年），都司甘胤在巨石上雕刻"天现鹿羊"，距今已400多年。

硖口古城为长方形结构，开东、西两门，关城与瓮城相配，东门直通石硖山口，西门与瓮城相连。硖口城堡兼有三职能，为营（驻军），为驿（邮政），为塘（传送紧急军情报告及消息）。城内官府、营盘、民宅、商铺、马号等建筑布局严谨，错落有致。城下壕池萦绕，城上楼橹华具，背依汉明长城，与周边新河驿、定羌庙、水泉子驿等驿站相连，辅以列障、烽燧，防御体系严密，军事地位非常重要。

| 硖口古城

山丹文广局朋友介绍说，硖口村附近，汉明长城内外有羊、狗、牛、鹿、骆驼等大量古岩画遗存，据鉴定，为战国时期游牧民族用刀斧雕刻成形。他还说，我们中午冒着酷暑"先睹为快"的丝路遗址，就与硖口相连。这个城的特色是丝绸之路和汉、明长城都穿城而过，更加凸显硖

口地理位置的重要性。凭高远望，一望无际的花草滩尽收眼底，长城宛若游龙，以金山子等 10 多处烽燧为支点，以古营盘、硝堆、敌角墩、栈道、接官厅等遗址为陪衬，逶迤延伸，大气磅礴，有"沙场秋点兵"的气势——这从清晰可辨的古营盘练兵场遗址中能明显地看出来，感觉出来。

往事悠悠，风烟如云。祁连山、大草滩、石硖口、长城、古堡，成为这片土地激越慷慨的关键词。《汲冢周节·王会解》载，3000 多年前，山丹境内就有人蓄养良马。西汉，霍去病西败匈奴，曾筑土城，开始大量屯兵、养马。汉初在西北边郡设牧苑三十六所，养马三十万匹。北魏时仍为牧放基地。唐代广设牧监。元、明两代多处扩建牧马营房。清康熙元年（1662 年），靖逆侯张勇重设永固营，筑八寨守望。继而甘肃副总兵王进宝协镇永固，10 年后设置马营墩守备，屯兵养马以保边防。王进宝祖籍为白银市平川区共和镇马饮水村，家乡流传着很多有关他的

曾经繁华的小镇变为寥落的村庄 |

传说。《王进宝鞭打大草滩》的故事便发生在这一带。

碱口与古道、古堡、古长城一样，日渐衰落。曾经的繁华小镇，变为现在的一个村落，村民大多住在城堡里。西边高大厚实的城墙上有个拱形门洞，丝绸之路沿城堡中轴线从下面穿过。过街牌楼摇摇欲坠，与城堡遥相呼应，似乎默默诉说峥嵘岁月中的曲折故事。古旧大道两边，或为闲静院落，或为 20 世纪末期的平房，富有时代特色的标语依然醒目。几块清朝残碑被当成建筑材料，镶嵌到墙里面。

| 被镶嵌到墙里面的清朝残碑

有老人倚门而立，或面带微笑，静静坐在门前，如雕塑，如油画，如同古井。刘学堂、安琪等人不失时机搞人类学调查。碱口村民姓氏很杂，很可能是当年的驻军就地"复员"，扎根、生息到如今。古城附近簸箕湾墓群为清代墓群，当时驻守碱口的将领、士兵死后都在那里下葬。碱口村人会不会是那些逝者的后裔？

古城古道古关古风很容易激发人的感怀。唐朝诗人陈子昂途经碱口，写下《度碱口山赠乔补阙知之王二无竞》："碱口大漠南，横绝界中国。丛石何纠纷，赤山复翕赩。远望多众容，逼之无异色。崔崒乍孤断，逶迤屡回直。信关胡马冲，亦迹汉边塞。岂依山河险，将顺修明德。物壮诚有衰，势雄良易极。逶迤忽而尽，波潾平不息。之子黄金躯，如何此荒域？云台盛多士，待君丹墀侧。"影响虽不及《登幽州台歌》，但我觉得该诗不郁结，气韵更充沛，更开阔。明人张楷《石硤口山》却透露出旅途的艰难苦厄："白沙官道接胡羌，硗确难行是此涂。疑过井径愁马蹶，似经云栈听猿呼。两山影逼天多暝，五月风高草已枯。明日西行望张掖，一川平似洛阳衢。"明人杨一清书写《山丹题壁》两首："关山逼仄人踪少，风雨苍茫野色昏。万里一身方独往，百年多事共谁论？东风四月初生草，落日孤城早闭门。记取汉兵追寇地，沙场犹有未招魂。""狐矢威天下，雷霆震域中。大兵方出塞，小丑自相攻。继绝君王义，宣威将帅功。从夸宵旰虑，不复在西戎。"有伤感之悲。明人岳正《石硤晚翠》则写出了这里的美好景色："石硤嵯峨胜禹门，万年古迹至今存。两山张掖如鸾峙，一水中流似马奔。漾树分青簪古雪，岩松插碧倚天昏。晚来叠翠光盈石，却被斜阳落日吞。"

……古代交通条件极为艰苦，旅客往来交流，劳苦不堪。战国时代的游牧民族也可以用岩画来表达对时空交错的感受，陈子昂、张楷、杨一清、岳正等诗人尚可用诗歌抒怀，陈棐、廖逢节、赵良臣等朝廷大员也可以通过书法彰显气度，而更早、更多的商旅、使节、士卒、贩夫、牧人经过这里时，留下了什么？

日月为笔，风云为墨，大地作纸，玉石时代的历史，肯定被时光备至地书写着，只是我们现在不能完全解读而已。

炎热中，流汗中，颠簸中，感叹中，大家离开硤口，到达山丹县城。稍事休息，即参观山丹县博物馆。1980 年，路易·艾黎决定将 50 多年收藏的近 4000 件文物捐赠给山丹县人民，为纪念这位国际友人，甘肃省人民政府拨款修建了艾黎捐赠文物陈列馆。山丹县博物馆即艾黎捐赠文物陈列馆，是一座中西结合的建筑物，按照四合院式布局，绿树掩映，庄严肃穆。六个展室分别展出路易·艾黎生平（图片、实物）、艾黎捐赠文物和山丹出土文物共 5100 余件，内容丰富，历史远久，主要有陶器，瓷器，铜器，铁器，玉器，饰件，古钱币、造像和古旧书画七大类。其中饰件品类最多，并有唐代胡腾舞铜人像、《大清万年一统图》

|《大清万年一统图》孤本

孤本等珍品。我们叹为观止，想不到山丹县博物馆的藏品品位如此之高，尤其惊叹的是，这些文物绝大部分由路易·艾黎捐赠，让我们肃然起敬。

参观中，作家、山丹县文广新局局长周多星忙完公务，前来见面。大家边吃西瓜边讨论路易·艾黎在山丹的种种善行。

考察团怀着崇敬心情，到路易·艾黎与何克陵园，由叶舒宪先生主持，向两位国际主义战士三鞠躬，致敬。

路易·艾黎，新西兰人，1927 年 4 月 21 日来到中国。20 世纪 40 年代，他在甘肃省山丹县创办了以手脑并用、创造分析、理论联系实际为办学宗旨的培黎工艺学校，同当地人民一起生活 9 年。1953 年，学校迁往兰州，更名为兰州培黎石油技工学校。艾黎无私奉献，赢得了众多荣誉头衔，包括作家、诗人、社会活动家、历史学家、考古学家、教育

考察团成员向路易·艾黎和何克致敬 |

家、"工合之父"、中新关系架桥人、英女王社会服务勋章获得者、北京市和甘肃省荣誉公民，以及各种荣誉学位等。1987 年 12 月，艾黎在北京病逝。遵循他生前遗愿，骨灰一半撒在原山丹培黎学校所在的四坝滩农场，另一半融入山丹土地。

我们由衷感叹，文化没有国界。这种精神也是玉石之路、玉帛之路、丝绸之路上永恒的主题。如果先民们各自为政、故步自封，文化就无法传递，链条就不能形成。

四坝滩文化遗址分布在县城正南 6 公里干涸的大沙河东岸四坝滩川口处。山丹文物局副局长张雳陪同我们前往。汽车穿过绿油油的庄稼地，到达保护站。前面路况差，不能前进，大约要步行 5 公里。

我们在弱水河床里走一阵，便上到西岸边台地。古老土地上庄稼依然忘我地生长，仿佛信心十足、精神抖擞的少年。太阳西斜，热力减退，由荒草滩、豌豆地、燕麦地构成的原野上弥漫着混合着多种芬芳气息的浓郁馨香。这是大地的气息、野草的气息、植物的气息。连续两天饱受干燥之苦的考察团成员，个个精神焕发，像鱼一样，尽情呼吸。我们始终都能看到龙首山，并且遥望胭脂山姿影。田野如此美丽，大地如此温馨，除去手机和微信，大家所看、所感、所思，应该与当年的四坝人并无二致。

路况不佳，但从保护站到四坝滩的行进极为愉快，甚至洋溢着某种浪漫情调。这时候如果队伍里出现一名或多名身着兽皮衣、脖子上挂着贝类装饰、怀抱装满水的陶罐的四坝人，我们也不感觉到惊慌、奇怪。

穿过几片庄稼地和几道沙梁，不知不觉，到达遍地碎陶、高出古老河床两三米的四坝滩。

我们与龙首山，与祁连山如此之近！与四坝人如此之近！

| 四坝滩遗址遍地碎陶

四坝滩位于山丹河（古称弱水，现在俗称大沙河）西南岸至川口河东岸之间，现在，这两条河已干涸多年。历史上，这块平坦的台地三面环水，可耕可渔。民间传说龙首山与嶕峣山本来相连，截断河流，致使山丹盆地一片汪洋。后来，大禹率众凿开两山连接处，导弱水西流，形成四坝滩、壕北滩和山羊堡滩等肥沃土地。专家根据考古文物研究推测，居弱水中上游的四坝滩很有可能是古弱水流域人类集中聚居地，周围的壕北滩、山羊堡滩、东灰山等都是四坝文化部落的分支或同部落分居点，他们相互往来，交流技艺，交换食物，友好相处。

尽管只是踏勘，我们还是无法掩饰内心的激动，脑海里不由自主闪现着四坝滩人耕种狩猎、打磨工具、烧制陶器、砍柴剁草、搭建茅屋、点燃篝火载歌载舞的生活情形……1946 年，路易·艾黎带领山丹培黎学校师生在四坝滩农场像古老先民那样开荒劳作时，意外发现四坝文化，当学生和老师看到石器、陶器、骨器、肩石斧、石刀、敲砸器、磨制石斧、单孔石刀、石磨、石球、石坊等文物时，很可能欢欣雀跃，内心对古老文明充满了怎样的想象与猜测，他们是不是也感受到了这片古老土地的丰厚与慈爱？

1953 年，山丹培黎学校教师艾理（Rewi Alley）曾写信给夏鼐，请求派人调查发掘。同年，著名考古学家安志敏等到此考察，认为该文化既不同于马厂类型，也有别于沙井文化，是早于沙井文化的一种新文化，命名为四坝文化（距今 3900～3400 年左右）。1976 年，甘肃省文物工作队在玉门火烧沟进行该文化的第一次正式发掘，清理墓葬 312 座，出土铜器 200 余件、陶器近千件，还发现有精制加工的金、银耳环以及玉器等。1987 年，甘肃省文物考古研究所与北京大学、吉林大学考古系联合对酒泉干骨崖、民乐东灰山遗址发掘，出土陶、石、骨、铜、金、银、玉器等 1000 多件，比较全面地揭示出四坝文化的基本面貌。2003 年 6 月，西北大学文博学院在酒泉西河滩发现四坝文化大型聚落遗址，发现房址 50 余座、窑穴 60 多座、烧烤坑 350 多座、陶窑 5 座、祭祀坑 20 多座。经过试掘的还有酒泉下河清两个遗址和民乐西灰山、瓜州鹰窝树、玉门沙锅梁等遗址。

最初，因为还没发现铜器，学者们推测该文化属新石器时代。后来，各遗址中普遍出土铜器，学界才确认这是青铜器时代早期的一种文化，形成于中原地区的夏代纪年内，主要分布在东起山丹，西至瓜州及新疆哈密盆地一带。

四坝文化的创造者是什么人？月氏？羌族？夏人？抑或其他民族？

要定论，还需多重考古学、人类学证据。不管什么人，这些文化的主体当年的生活图景能够通过这些文物及其出土地的环境折射出来。四坝人唱着古老的歌谣，日出而作，日入而息，在河谷地带耕种，或在台地上开垦土地。他们种植稷、粟、大麦、黑麦、高粱等农作物，还培育小麦，兼营畜牧和狩猎。每有重大活动，全体四坝人就聚集到氏族首领家中，对着陶制方鼎举行各种活动——鼎最初是盛放肉食的饪食器，后来成为权利象征。夏朝初年，夏王大禹划分天下为九州，令九州州牧贡献青铜，铸造九鼎，镌刻九州名山大川、奇异之物，以一鼎象征一州，并将九鼎集中于夏王朝都城。此后，九州就成为中国代名词，九鼎成为至高无上、国家统一的象征。四坝人用陶鼎标榜身份，似乎表明他们仅仅是一个基层组织，还没有资格使用铜鼎。

夕阳西下，天气变凉了。对着壮丽的山影，对着纯粹的田野气息，我突发奇想，想在四坝滩过夜，与月亮为伴，与星星为伴，与四坝人的遗梦为伴。叶舒宪、刘学堂积极响应。其他人犹豫不决。张雱坚决要大家返回。周多星也不断来电话催促。于是，大家只好踏着黄昏的余晖返回。满地燕麦，精神抖擞。它们披着一层金黄色霞光，似乎拱手献礼。遥远的前方，是巨大鲲鹏般匍匐在地的胭脂山。这座山曾是匈奴人的精神坐标，不但出现在匈奴民歌中，也经常闪烁在历代诗人的诗文中。唐朝诗人杜审言《赠苏绾书记》："知君书记本翩翩，为许从戎赴朔边。红粉楼中应计日，燕支山下莫经年。"这是遥想，可见他未到过此地。李白的《幽州胡马客歌》反映出作者丰富的生活积累，非想象所能达到的境界："幽州胡马客，绿眼虎皮冠。笑拂两只箭，万人不可干。弯弓若转月，白雁落云端。双双掉鞭行，游猎向楼兰。出门不顾后，报国死何难。天骄五单于，狼戾好凶残。牛马散北海，割鲜若虎餐。虽居燕支山，不道朔雪寒。妇女马上笑，颜如赪玉盘。翻飞射鸟兽，花月醉雕鞍。旄头四光芒，争战若蜂攒。白刃洒赤血，流沙为之丹。名将古谁是，疲兵良可叹。何时天狼灭，父子得闲安。"这是一幅生动的、活灵活现的古山丹生活写照，从中也可遥遥透视出四坝人的生活情形。岑参经过胭脂山，写下令人惆怅的《过燕支山寄杜位》："燕支山西酒泉道，北风吹沙卷白草。长安遥在日光边，忆君不见令人老。"韦应物没有到过山丹，他写的《调笑令》大约是为教坊歌唱的："胡马，胡马，远放燕支山下。跑沙跑雪独嘶，东望西望路迷。迷路，迷路，边草无穷日暮。"王维的《燕支行》是一首长诗，显然是托物言志的。

回到宾馆，用晚餐，已是深夜。疲惫不堪，心潮却久久不能平静。睡前构思，酝酿感受，7月16日清晨，就着强烈的晨光，写了一首诗：

我想做一名四坝的村夫

炎热午后，羊虎沟的疑惑中
我们访谒一段被遗忘许久的丝绸之路
然后，在热浪沸腾的荒原热浪中
探访硖口古城
寥落的村庄
残损的古碑
镶嵌进平凡的墙中
几位期待路人甲的老者
拄杖而坐

下午，烈日炎炎

路易·艾黎纪念馆，以及他和何克的陵墓

同样镶嵌在繁闹城市

我们赞叹伟大人格的同时

举行庄严仪式

向他们致敬

穿过城市，穿过田野

穿过荒沟，穿过狗吠

我们走在燕麦、大麦、豌豆、杂草共蕴的四坝滩

被龙首山、胭脂山和几缕云彩拥

四千年前的古人啊

你们的辉煌如何成为田野间的碎片

我情愿做一名简单纯朴的四坝滩村夫

我很想带着我的爱人、孩子和小狗

日出而作，日入而息

打扫历史，梳理脉络

弄懂四坝人从何而来，又消失在何处

仅此而已

七、东灰山，西灰山

从山丹开始，我们考察的史前遗址主要是四坝文化分布区。民乐县东灰山、西灰山也是这个文化类型。

7月16日上午，汽车出山丹县城，背负阳光，在柏油路上快速行进。两边白杨树从窗前闪过，连成墨绿的一道屏风。

从考察团成员交谈中得知，大家对四坝滩的印象非常好，昨晚兴奋难眠。据说易华兄强拉叶舒宪、刘学堂两位先生交流感受，后来他激动难抑，到院子里转圈。足球明星欣喜时也常常跑圈，裸奔，狂呼。叶舒宪先生凌晨3点就起床到卫生间写文章，以免影响别人休息。我提醒叶老师，要注意休息。叶老师说，睡不着，躺着浪费时间。

离开绿洲，进入戈壁滩。蓝天，长城，雪山，公路，铁路。烽火台。火辣辣的阳光。大家同易华就胡基与砖的问题再次争论一阵，谁也说服不了谁。

经过一段狭窄地带，长城就横亘在铁路与公路中间，祁连雪山也近在咫尺。大家欣悦，下车，拜谒饱经沧桑的长城。这段长城系黄土夯筑。不见"胡基"不见"砖"，唯有残垣对长天。长城时有倒塌处、断裂处，但雄风犹在。其中一断开处，状若猛狮，引领一带土龙，匍匐在地，蓄势待发。

张掖境内的汉长城，主要在山丹、张掖市、高台、临泽，还有一段从金塔沿黑河北通居延。山丹一段完整的土筑长城，已列入全国重点文物保护单位，被专家誉为"中国的露天长城博物馆"。汉长城建于前121～前101年，因地制宜，就地取材，起沙土夯墙，夹杂红柳、胡杨、芦苇和罗布麻等，异常坚固。外侧取土处形成护壕，内侧高峻处燧、墩、堡、城连属相望，虽经历2000年风雨沧桑，英姿不减，似蛟龙蜿蜒，横空出世，气魄宏大，是河西走廊一道举世瞩目的亮丽风景。汉武帝还在黑河下游的居延设都尉，归张掖郡太守管辖，再在其地筑城设防，移民屯田，持续200多年，留下大量汉简，内容涉及科技、军事、农业、经济、养老制度、抚恤制度、吏制等。尤其是农垦屯田记载细致到屯田组织、农事系统、屯垦劳力、田仓就运、田卒生活、剥削形式和剥削量，以及农具、籽种、水利、耕耘、管理、收藏、内销、外运、粮价、定量等。居延汉简掩埋于城墙废址和大漠流沙之中，20世纪被中外学者发现，誉为20世纪中国档案界"四大发现"之一。

到前面岔路口，山丹文广局朋友返回，民乐文广局局长王登学、副局长陈之伟等人迎接。汽车驶进铺展在大马营滩上的砂路，颠簸着，一路向南。两边大片大片的荒地不像戈壁滩，似乎是古代废弃农田。偶尔可见桀骜不驯、孤傲挺立的烽燧。在河西走廊，这种烽燧墩台比较密集，它们的设立、建筑、使用、废弃都牵扯到很多人、很多事，很多幽怨哀伤与悲欢离合。但这一切都随风飘散，归于尘埃。古时候，烽火台由地方官吏管辖，最高长官以下还设有不同等级的官吏，如都尉、鄣尉、候官、候长、燧长等，并且按照各烽火台远近大小，分别配置若干兵卒。遇有敌情，白天举烟，夜晚放火，迅速传递军事情报。如今，那曾经牵动过多少代人神经的"警报器"早已失去使用价值，那些管理过的各级官吏戍卒也遁入岁月深处。烽火台却一如既往地守望着，这是怎样的忠诚和执着啊。河西发展旅游事业，何不将它们开发利用，定期举烟放火，岂不更有边塞风味？特别希望那些行为艺术家能够采纳这个建议。

公路边孤傲挺立的烽燧 |

路边的长城遗迹 |

民乐县城位于祁连山南坡，曾以广袤天然牧场和险要军事重地闻名遐迩。汽车接近祁连山坡地，接近绿洲，接近潺潺流水和茂盛庄稼地，明显感觉到清凉和潮润。逍遥享受一阵，汽车又拐向裸露、炎热、干燥的戈壁荒滩，摇摇晃晃一阵，便到了六坝乡办林场东侧的东灰山。说是"灰山"，并非天然形成，而是史前人们丢弃垃圾而形成的巨大山堆。所以，大家看到平缓的戈壁滩上忽然凸起一带荒凉山丘，并不觉奇怪。

如果说龙首山、祁连山、胭脂山环绕的山丹四坝滩是一首田园抒情诗，东灰山就是一折雄强炽烈、热情似火的秦腔大戏。大家淋着阳光，穿过田垄，穿过荒滩，躬着身，一步步走向东灰山人的领地。

这么大的一座灰山！

如果能将褶皱的岁月拉开、抚平，能够还原多少年的生活和细节！

东灰山遗址位于民乐县，在洪水大河与大都麻河之间、洪水河下游沙滩河东岸高台地上，南北 400 米，东西 600 米。从山顶向四周瞭望，视野非常开阔。当年，这一带土地肥沃，水草丰茂。因为临近祁连山，还可狩猎、采集。但由于人类的长期活动，生态遭到破坏，最后不得不废弃，只留下一大堆生活垃圾。西北高原的大风长期吹刷，吹走遗址表层灰土，暴露出陶片、石器和兽骨，与地表稀疏分布着的一些盐生草本植物形成了别具特色的文化表层。世代居住在当地的农民称这里为"灰山子"。20 世纪 50 年代初，农民开荒种地，常挖取灰土当肥料，陆续发现残破的彩陶器和石器等。1958 年 9 月，甘肃省文物工作队对民乐东灰山、西灰山进行考古调查，发现"灰山子"原来是一处古人类活动的聚落遗址，初步认定为新石器时代晚期遗存，属四坝文化类型。当时，参与调查的宁笃学先生撰写《民乐县发现两处四坝文化遗址》，发表在《文物》(1960 年第 1 期)上。1973 年，农民在东灰山东侧挖出一条南北走向水渠，暴露出遗址文化层。1975 年，张掖地区组织文物普查队进行详细调查。1985 年 7 月 28 日，中国科学院遗传研究所研究员李璠在遗址灰层找到炭化麦粒和一些石器、陶片。1986 年 7 月，李璠先生再次调查，在遗址剖面文化层内采集到石器、陶器及牛、羊、猪等家养动物牙齿的碎骨、青砾石磨制的石祖等。特别值得一提的是，李璠采集到数百粒小麦、大麦、高粱、粟和稷等炭化粮粒。考古资料证明，东灰山文化应从新石器时代末期开始，属早于青铜器的砷铜时期，具体年代为公元前近 5000 年，超出了夏纪年。小麦、大麦、高粱、粟和稷等五种农作物遗存在同一遗址中发现，在全国还是第一次，世界上也属罕见，意义重大。1987 年夏，甘肃省考古研究所与吉林大学北方考古研究室对东灰山遗址进行保护性发掘，清理墓葬 249 座，出土各类遗物 627 件，其中包括斧、锄、犁、刀、凿、磨盘、磨棒、砍砸器、刮削器等石器和夹砂红陶壶、罐、盆、鼎、盘、器盖、陶埙、纺轮等陶器，另有铜刀、锥、管饰、耳环等铜器和金耳饰。

东灰山好像一座天然古文化博物馆，展示着大约 5000 年前人们的生活图景。我们瞻仰一阵，进入开挖在遗址中的水渠。两侧剖面展现出大约 300 米长的文化灰层带，从中可看到灰坑、灶坑、柱洞、硬化地面、草泥土、木炭和各种石器陶器残片、兽骨、骨器等。

考古发掘与研究表明，东灰山人以农业为主，兼营狩猎、采集和畜牧，农业生产水平相当高。他们会制造多种生产工具和生活用具，并在陶器上绘、刻、贴、纹饰，制作佩饰品，纺织，缝衣，奏乐，尽情表达自己的审美追求……

据介绍，东灰山人主要生活在夏代。商代，六坝滩逐渐断水，土地荒废，大部人远迁陇东环江流域（今庆阳地区），少部分迁至山丹四坝滩。到西周、东周、战国，史书明确记为虞氏、禺知（即月氏）了。秦始皇病死前后，月氏攻灭乌孙，东部以永固城为月氏城，西部以临泽昭武为国都，在绵延 2000 公里的广大地域上建立了河西第一个少数民族政权。历史文献与考古资料终于开始互相印证了！

大家不惧酷暑，认真阅读每一个散落在灰山坡上的史前文化符号。刘学堂教授说，他的同班同学、考古学家赵宾福 1987 年曾在东灰山考古。那时，他也在哈密盆地考古，东西遥相呼应，如同大、小月氏在历史长河中激起两朵浪花，呈现另外一番壮美。

参观完东灰山，考察团成员到民乐县博物馆参观。博物馆现藏8000 多件文物，涵括各式各样的钱币、陶瓷、书画、青铜器、玉石器、金器、竹木牙角等，尤以四坝文化和汉代陶器最为典型，有东灰山、西灰山遗址出土的打制石斧、石刀、石镰、石铲、炭化粮籽及红色陶片等，另有八卦营汉墓群出土的薄胎陶罐及木马、弩箭、盔甲。博物馆珍藏明嘉靖年间和清康熙年间用金银粉、石青、石绿、朱砂等矿物颜料绘就的绢、布本水陆画 116 幅。水陆画是寺庙举行水陆法会时悬挂的宗教画，与敦煌壁画有着直接的渊源，学者称之为"可移动的敦煌壁画"，蕴含着非常丰富的人类学信息。甘肃省共有明清时期水陆画 528 幅，主要收藏在武威、古浪、山丹、民乐和高台县博物馆。叶舒宪先生当即表示，将来要让硕士、博士来河西走廊调查，写论文。

之后，我们考察自古以来就是汉、羌、匈奴、突厥、吐蕃等民族联系河西走廊与青藏高原的大通道——扁都口道。扁都口原名大斗拔谷、达斗拔谷、大斗谷，为汉唐以来丝绸之路羌中道进入河西的重要干线，其走向与今国道 227 线略同，新修的兰新高铁也从附近通过。经扁都口古道，南可抵湟水谷地，北出山口，东通凉州，西通甘州。霍去病第一次远征匈奴，东晋法显西行求法，张骞首次出使西域，隋炀帝西巡张掖、东还，走的都是这条道。唐时吐谷浑、吐蕃出入河西多取此道，727 年，吐蕃大将悉诺逻出大斗谷进攻甘州。唐朝反攻，凉州与鄯州往来，也多取道此道，并于该道设大斗军镇守。民乐县城距离扁都口大约7公里，两边的田野里，油菜花开得正欢，游人如织，撷美摄影，异常欢快。

扁都口 |

自扁都口东望，遥见胭脂山的姿影。

沉浸在这份清凉里，谁能想象到刚刚还在承受着东灰山烈日的炙烤！

扁都口曾无数次出现在史书及相关文献资料中。2010年9月，我曾与刘炘、李仁奇先生穿越其间，到达海拔近4000米的俄博。今年再次考察这条古道，最远到达石佛寺。返回路上看到大沟、小河、牦牛群。作家王登学说他的父辈曾见过激烈猛进的扁都河浪涛汹汹。把历史推远点，是法显、隋炀帝、哥舒翰他们；再远点，就是前来纳凉采风的东、西灰山人了。他们生活的时代，扁都河必定饱满，激情，勇往直前，以大写意的手法创造丰沛生动的历史。致敬！

考察扁都口，只是走马观花，大概了解山脉走势及地理环境。因为时间紧，我们不能前往踏勘历代驻守扁都口的军事重地——永固城，只好站在路边眺望一阵。永固城地处祁连山北麓，焉支山西侧，西汉初，匈奴将月氏东城建为单于王城，供老上单于巡幸时居住。前121年，霍去病率骑兵突袭单于王城，将匈奴逐出河西。354年，前凉王张祚在此置汉阳县，以守牧地。362年，前凉张玄靓置祁连郡，管辖汉阳、祁连二县，北凉时叫赤泉，北魏时称赤城戍，西魏则叫赤城，北周改为赤泉，隋朝为赤乌镇，唐初建军事据点，名为赤水守捉城。706年扩编为赤水军，移驻凉州，此地仍为赤水军的重要守捉。728年，赤水军守捉更名为大斗军。宋代，甘州回鹘曾将其作为临时都城。1671年，清廷大力修筑城池，定名永固，又在此处设置永固城协，派驻副总兵，辖甘州城守营、山丹营、洪水营、大马营、黑城营、梨园营、硖口营、南古城营、马营墩营、定羌庙泛等。

下午，太阳更毒，更猛，热气蒸腾。我们继续考察西灰山遗址。汽车走一段有绿树掩映的柏油路后，便拐进坑坑洼洼的乡村道路。再走一阵，简易的村道也消失，只有文管所汽车在戈壁沙滩上轧出的便道。路面中时见流沙堆积，大车过去不，我们顶着烈日，冲破地面热浪，徒步前往。这种单调的行走往往让人忘却时间，恍惚间不知今夕是何年。漫漫历史长河中，有多少人这样行走在古道上，充当物质、文明交流的使者，前赴后继，绵延不绝。不身临其境，怎能体会到旅途艰苦和历代文化使者的伟大！

西灰山遗址在民乐县李寨乡菊花地村北3.7公里处，大都麻河下游西岸的高台地上，东南距东灰山遗址10公里，南北500米，东西300米，在平坦的戈壁滩上凸显出来。刚踏上西灰山缓坡，就能看到裸露在地表上的夹砂红彩陶片、石斧、砍砸器、刮削器、陶纺轮残部等。每个人都低头，躬身，寻寻觅觅，客观呈现虔诚朝拜的姿态。

西灰山遗址缓坡上裸露在地表的夹砂彩陶片等

遗址东边，源自祁连山的大都麻河自南向北流淌，冲刷形成断面，暴露出 0.5～2.7 米文化层，发现骨锥、铜箭头、炭化麦粒等。经考证，西灰山与东灰山相同，属四坝文化。

这是一条穿越戈壁滩的古河道

它源自祁连山

哺育过一代又一代西灰山人

或西灰山人的邻居、敌人

它像一条柔韧的银线

串起西灰山人前前后后的岁月

如今，我们面对的只是一条干涸已久的河道

及散落乱石间的陶器碎片

马厂？齐家？四坝？或者其他

王登学说今天是入夏以来气温最高的一天。太阳暴晒，热力如箭，不断提醒我们这是酷暑季节的正午。遥远西边的一带黄沙，加剧了我们对炎热的敬畏。叶舒宪先生却不知疲倦，辨认文物碎片，比较文化层，忙得不亦乐乎，似乎热浪与他无关。易华兄招架不住热风袭击，躲进安琪博士的伞里，窃取阴凉。

东灰山、西灰山隔着大都麻河，遥遥相望。因为断水，荒废多年。但根据周边地形和文物碎片还原5000年先民的生活状态并不难。那时，人们简单快乐，和睦相处，恋爱婚配，社会交往，解决争端……当然，这些生活细节得要用文学的方式去酝酿了。

上午考察东灰山

下午拜谒西灰山

史前人类在民乐大地繁衍生息多少年

嬉戏洪水河，大都麻河

然后卷起所有故事

远走他乡

只留下两座巨大的垃圾灰堆

真难为了这些寻找文化链条的人

八、金张掖，玉张掖？

7月16日傍晚，考察团成员带着丰盈的感受，拖着疲惫的身体，抵达张掖。晚上，与张掖市文广新局长徐晓霞、民乐县副县长王广庆交流了这几天对四坝文化的考察感受。

2013年，张掖市市长黄泽元有意要与《丝绸之路》杂志社合作，宣传张掖历史文化。国庆期间，西北师范大学校办主任梁兆光转告这个消息后，我们立即行动，很快促成了这项合作。2014年元月，杂志社组织高振茂、王文扬、王承栋、王振武、杨文远等作家到张掖采风，写了一批稿子。此后与张掖往来交流频繁，了解逐渐加深。特别是这次扎扎实实、解剖式的考察，让我们看到了一个立体的、脉络清晰的张掖。

张掖市是丝绸之路上的一个重要节点。《旧唐书·地理志》记载，唐朝元宵节灯会盛况"长安第一，敦煌第二，扬州第三"。人们引用时似乎忘记这个排名仅指元宵节灯会，并非综合软实力。张掖等沿线城市的独特地位和作用在某种程度上被遮蔽，被忽略。丝绸之路呈网络状、带状发展变化，每座沿线城市都发挥过不可替代的重要作用。如果说丝绸之路是一串绚丽璀璨的项链，张掖就是其中的一颗明珠。毫不夸张地说，张掖就是丝绸之路的"DNA"，或者更丰富。

　　开启张掖文明曙光的是新石器时代晚期马家窑文化马厂期的石器、陶器。张掖市甘州区、山丹县、高台县、民乐县、肃南县等地出土的彩陶制作装饰性极强，表明四五千年前张掖先民物质和审美都达到了较高水平。延续马家窑文化的是四坝文化。1985 年 2 月，甘州区龙渠乡木笼坝村南平顶山石崖洞穴内发现 7 件月氏青铜遗物。这些物质产品在文字开始宏大叙事之前传承着各种信息。通过这些凝结古老文化信息的符号物，史前张掖与中原、西域乃至欧洲的交流路径逐渐浮现。也就是说，早在前文字时代便有大道横贯东西，连结南北，通过这片土地。

　　张掖始终与古代商贸保持着同样的发展节奏，因此她的文化才能够在交流中发展，在发展中沉淀。可以说，玉石之路、丝绸之路、居延古道与地域文化共同铸造了这颗丝路明珠。

　　夏、商、周时期，张掖为西戎地，古乌孙、月氏人相继在此生活。1958 年，甘肃省博物馆开展文物普查时在张掖民乐发现东灰山遗址。从 20 世纪 60 年代至今，先后有数支文物考察队在此作业，发现小麦、大麦、黑麦、高粱、稷、粟等炭化籽粒遗存。最新研究成果确认，灰山遗址出土的炭化小麦是目前中国境内最早炭化小麦标本，大约距今5000～4500 年。农作物品种如此之多，小麦年代如此之早，折射当年张掖农业的发达与繁盛。西北民族大学教授、博士生导师多识先生研究认为，"羌"、"戎"都是古羌语的汉译音，两者古音相同。"羌"意为"放羊的人"，"戎"意为"种庄稼的人"。西戎所居之地，以农业为主。小麦、大麦、黑麦最早发源地在两河流域，稷和粟是黄土高原土特产。西戎人将黄河流域、两河流域的农作物引种到史前张掖土地上，令人惊叹！

　　如此发达的农业，必须有肥沃土地和充足水源作保障。张掖位于河西走廊腹地，南枕祁连山，北依合黎山、龙首山。远古时代，祁连山积雪深厚，冰川广布，每逢盛夏，千峰消融，万壑争流，以黑河（也被称为"弱水"）为首，汇集诸河，在张掖市、高台县汇聚成西海。这个内陆湖烟波浩渺，水域广阔，史有"弱水三千"之说，在中国古典文学中也有深厚内涵。西海周边，森林繁茂，族群散布，先民在张掖西城驿、民乐东灰山与西灰山、山丹龙首山、四坝滩等地游牧、狩猎、耕耘和贸易，文化遗址至今犹存。

张掖绿洲为西戎、乌孙、月氏、匈奴等族群繁衍生息提供了优美环境，而他们的迁徙、流动、交往则促进了文化发展。西戎引进、栽培优质农作物，乌孙连接东西方草原交通。但对张掖及丝绸之路影响更为深远的是月氏和匈奴两大族群。

月氏活动中心在土地肥沃、水草丰茂的昭武城。有学者认为，是月氏人开通了玉石之路，将新疆和田玉驼运到尧舜都城，换取中原丝绸等物品，历经夏、商、周三代。春秋时期，月氏人活动范围拓展到陇西，成为秦与西方各族货物流通的中介。前176年，匈奴攻占昭武城，杀月氏王。一部分被迫迁至新疆伊犁河南部，史称"大月氏"；另一部分进祁连山，史称"小月氏"。匈奴占领河西后，开辟昭武城为商贸城，接待西域各国商队。张掖市城西10余公里有黑水国遗址，曾是小月氏国都。匈奴为小月氏专门划出一片土地，允许其建筑城池，大概也是基于他们的商业才能。

大月氏辗转迁到阿富汗境内阿姆河流域，击破大夏，建立大月氏国，其支庶王皆以昭武为姓，以示不忘故国之意，这便是中亚粟特地区有名的"昭武九姓"。昭武九姓始终与河西保持联系，且秉承经商传统，是欧亚大商道上经济、文化交流的重要媒介。佛教就是月氏人传播到中国的。

匈奴统治河西55年，前120年降汉。汉武帝在河西建郡县，仍置昭武县，归张掖郡管辖。西晋时，因避皇帝司马昭之讳，改"昭武"为"临泽"。据推猜，昭武城旧址大约在临泽县鸭暖乡，此处至今有个昭武村。村中人世代传说，他们就是月氏人后代。

丝绸之路开通后，汉武帝以张掖等地为基地，实行军事保障和有效管理，轰轰烈烈地将中外经济文化交流推向一个新的历史阶段。《后汉书·西域传》记载："立屯田于膏腴之野，列邮置于要害之路，驰命走驿，不绝于时月，商胡贩客，日款于塞下。"张掖交汇丝绸之路南北两线和居延古道，自然而然成为重镇。公元609年3月2日，隋炀帝率大军，浩浩荡荡，从长安出发，踏上西巡征程。4月3日，他们大猎于甘肃。随后，西上青海，从扁都口横穿祁连山。6月11日，到达张掖郡，召开西域二十七国君主、使臣、商旅参加的"万国博览会"。期间，游人及车马长达数百里，盛况空前。

隋炀帝为这史无前例的伟大创举做了充分准备。608年，隋朝将国境拓展，特派吏部侍郎裴矩长住张掖，管理贸易。裴矩不辱使命，广泛了解西域44国风俗物产、君长姓族、道路交通等情况，搜集整理成《西域图记》，为隋炀帝在张掖和敦煌加大招引诸藩力度、制定招引胡商优惠政策提供依据。隋炀帝还派司隶从事杜行满出使西域，派云骑尉李昱出使波斯。此后，西域到中原交易的"外商"越来越多，重新出现"胡商往来相继，所经郡县，疲于送迎"的贸易盛况。中国封建社会从隋唐时期开始进入繁荣辉煌，如果要找出标志性事件，非这次"万国博览会"莫属。随着7~8世纪大唐盛世来临，丝绸之路迎来贸易最繁荣、文化交流最活跃的全盛时代。唐王朝为了维护这条商贸大道，彻底控制新疆、青海、河西，在河西走廊设立凉、甘、肃、瓜、沙五州，保证丝路畅通，完善交通组织，沿途商埠随之发展。"安史之乱"后，吐蕃乘虚而入，占领河西走廊，切断中原同西域联系。其中的重要军事举措就是攻克位于河西走廊中部的甘州。笔者刚刚杀青的丝绸之路文化长篇小说《野马，尘埃》就以这段历史为主要背景和题材的。

宋朝，西夏依赖张掖绿洲发迹，崛起。元世祖忽必烈设省，分别取甘州、肃州首字，由此可见甘州（张掖）在这位英雄帝王心目中的地位。意大利著名旅行家马可·波罗于 1274 年到达张掖，他在《马可·波罗游记·甘州城》中说："甘州是唐兀忒省（西夏）的首府，幅员辽阔，甘州支硕和受理全省大权（元时甘肃行中书省治所在甘州），人民大多信奉佛教，也有基督徒和回教徒。基督徒在该城建筑了宏伟壮丽的三座教堂。"

明清时期，海上丝绸之路兴起导致陆上丝绸之路衰落，但张掖仍然是山、陕商帮等重要商贸人群的经营活动区域。

总之，张掖有长城、骆驼城、扁都口军事要隘、马蹄寺石窟、文殊山石窟、大佛寺、西来寺、木塔寺、甘州古塔、山丹军马场、焉支山、山丹新河驿、镇远楼、东山寺和西武当、黑水国遗址、汉墓群、许三湾墓群、牍侯堡、民勤会馆等物质文化遗址和《西游记》原型、河西宝卷、甘州小调、皮影戏、裕固族皮雕技艺、秦腔獠牙特技表演、邵家班子木偶戏等非物质文化遗产，它们共同见证并记录了丝绸之路文化在张掖的灿烂辉煌发展历程。

我们此行考察张掖市，选择大佛寺和西城驿两个重要文化遗址，试图从本质上诠释"金张掖、玉张掖"的文化内涵，考证张掖地区在华夏文明发展史中的真正地位和作用。

7 月 17 日上午，考察团参观大佛寺。大佛寺位于甘州区，是张掖标志性建筑，为西北内陆久负盛名的佛教寺院。寺内安放有国内最大的室内卧佛，素称"塞上名刹，佛国胜境"。张掖古称"甘州"，"安史之乱"后，一直是甘州回鹘"牙帐"所在地。1028 年，以今天银川为国都的西夏攻克甘州。史载，1098 年，西夏国师嵬眸在此掘出一翠瓦覆盖的玉质卧佛而创建大佛寺，初名迦叶如来寺。1411 年，敕名宝觉寺。1678 年，敕改宏仁寺，又名睡佛寺。寺内现存大佛殿、藏经阁、土塔等建筑，树木参天，花草相映，幽静肃穆。大佛殿内有木胎泥塑佛像，四壁为《西游记》、《山海经》壁画。藏经阁藏有唐宋以来佛经 6800 余卷，其中包括明英宗敕赐的《大明三藏圣教北藏经》。1966 年，卧佛腹内发现石碑、铜佛、铜镜、铜壶、佛经、铅牌等。1977 年，大佛寺附属建筑金塔殿下出土 5 枚波斯银币。传说蒙古别吉太后住在大佛寺，生下大元帝国开国君主忽必烈。别吉太后死后，灵柩也停殡在大佛寺。传说元顺帝妥欢贴睦尔也生于大佛寺。意大利旅行家马可·波罗曾到张掖，拜谒过大佛寺，曾留居一年。

大佛寺与隋代万寿木塔、明代弥陀千佛塔、钟鼓楼以及清代山西会馆等构成大佛寺景区，简单明了圈点出张掖千年发展历史。

据说，西夏太后信佛教，常到大佛寺居住、朝拜，设道场，大作斋会。我们不禁发问：西夏国都在兴庆(银川)，太后为何要在古甘州敕建皇家寺院？

这是否与夏文化有关？

党项人自称他们的祖先是大禹。元昊建立国家，取名为"夏"(西夏是宋朝称谓)，或许与这种民族文化心理有关。张掖有很多关于夏的文化遗存。《新修张掖县志》载："华人，古华胥国之民也，由帕米尔高原迁至张掖，原住地址称人祖山，即今谓之人宗口。"人祖山就在西海边。《拾遗记·春皇庖牺》说伏羲氏出生于西海之滨的华胥之洲。据说颛顼也出生在穷桑。《甘肃省志·大事记》记载："帝颛顼高阳氏西巡至流沙。"显然，他怀念出生之地。《山海经·大荒西经》记载了当时西海形势与居民情况："西海之南，流沙之滨，赤水之后，黑水之前，有大山，名曰昆仑之丘……其下有弱水之渊环之，其外有炎火之山，投物辄然。有人戴胜，虎齿豹尾，穴处，名曰西王母，其山万物尽有。"尧舜时期，仍有西海与西王母记载。《拾遗记》载："尧登位三十年，有巨槎枒浮于西海，槎上有光，夜明昼灭。海人望其光，乍大乍小，若星月之出入矣。"《太平广记》引《风俗通》："舜之时，西王母谢白玉琯。"这说明舜时，西王母氏族已能雕琢玉器，同时证明河西走廊已成为"昆山之玉"输入中原的玉石之路。因为水患，舜命鲧和大禹父子进行治理。《夏书·禹贡》载，大禹"导弱水于合黎，余波入于流沙"，原来的西海湖盆变成沃野绿洲，而张掖也成为大禹在河西的重要活动中心。帝禹元年，封禹少子于西戎，世代为首领。张掖绿洲形成后，西戎农业兴旺发达。

大禹少子被尊称为河宗。《穆天子传》中多次提到大禹子孙分居黑河流域，管理黑河水系与当地部落禺知（有时记为"禺氏"，就是月氏）。西戎从事农业，乌孙、月氏在祁连山间从事游牧。《穆天子传》记述周穆王西巡张掖黑河流域并举行各种重要活动。以前，人们将《穆天子传》当作文学作品。但文献资料、考古发现和民间传说印证了它的真实性。周穆王大概于公元前994～前993年在张掖活动。这位豪情四溢的帝王先是接见河宗子孙蒯柏絮，然后游览黑河湿地，直至合黎山，北望巴丹吉林沙漠。从周穆王开始，文物叙事的神圣重任转交给了文字。清代美学家张潮说："文章是案头的山水，山水是大地的文章。"祁连山、黑河，就像两位旷世文豪，撷山水性灵，铸千古绝唱，使张掖绿洲成为各民族人民心向往之的乐土乐园。当年，周穆王是否到黑河上游的祁连山中巡礼，是否看见漫山遍野的牛羊后情不自禁地与月氏人一道唱古朴民歌？是否被美丽的丹霞地貌震慑？是否陶醉于芦苇茂密、湖泊连串的美丽景色？是否登临焉支山、俯瞰河西走廊，看到了比"大漠孤烟直，长河落日圆"更为壮观的美景……这些更为生动、更为翔实的内容没有在《穆天子传》中反映出来。我宁可信其有。尽管周朝崇尚礼仪，但周穆王是性情中人，他曾在黑河之滨钓鱼，怎能不去感受丹霞地貌的宏大气魄和焉支山的幽美清凉？

易华也兴奋不已。这几年，他连续到西北考察，力图证明夏文化的发源地就在甘肃。这次考察可能要将他正式公布研究成果的时间提前。

考察完大佛寺，大家又到张掖新开发的"玉水苑"参观。然后，驱车前往位于黑河中游的西城驿文化遗址。

黑河对张掖的文化意义相当于黄河之于中华民族的。当年的黑河，辽阔雄壮，气势豪迈。当年的西海，浩渺无边，山川秀美。美丽的西海及其周边土地孕育了史前文明，壮美的黑河生生不息，对各种文化兼容并蓄，传承发展，使张掖绿洲熠熠生辉。正如复旦大学教授纳日碧力戈说："河西走廊是山地—绿洲—荒漠的复合系统，人文宗教荟萃，族群生境复杂，是多种文化和文明的通道和源头。"又如复旦大学教授王新军所说："在以汉族文化为主导的多民族文化复合形态的变迁过程中，河西走廊在祁连山和大漠之间串联绿洲城市群，塑造了河西走廊今日的人居环境。河西走廊区域格局的发展变迁，包括城市格局的发展变化，东西交通形式的演变及其对河西走廊区位的影响，经济活动和生产方式的转换，多民族文化的融合发展，以及生态环境的退化，均具有一定的特殊性……"

西城驿文化是黑河孕育的著名史前文化。此前多年，这个笼罩着重重面纱的神秘遗址被称为"黑水国遗址"，近年来，考古学家开始正名。西城驿文化遗址位于张掖市明永乡下崖村西北 3 公里处，年代距今约4100～3600 年，是黑河中游流域一处马厂文化晚期至四坝文化时期与早期冶铜有关的聚落遗址。2007～2009 年，甘肃省文物考古研究所、北京科技大学冶金与材料史研究所组成河西走廊早期冶金遗址调查队，先后实地调查三次，发现早期冶金地点两处。2010～2011 年，经国家文物局批准，甘肃省文物考古研究所与中国社会科学院考古研究所、北京科技大学冶金与材料史研究所、西北大学联合发掘，共发现房址、灰坑、灶、窑、沟、独立墙体、墓葬等遗迹单位180处，获取陶器、石器、玉器、玉料、骨器、骨料、铜器以及大量冶炼遗物和炭化作物等遗物2000余件（份）。2013年12月27日，有考古学界奥斯卡之称的"中国社会科学院考古学论坛•2013年中国考古新发现"在北京举行。评审团评选出2013年中国考古界六项重要考古发现，西城驿遗址位居榜首。

西城驿文化遗址出土刀、泡、环、锥等小型铜器30余件，并发现大量炉渣、矿石、炉壁、鼓风管、石范等与冶炼相关的遗物。这是甘青地区首次通过科学发掘获取的层位明确的冶金遗物，也是西北地区年代较早的一批冶金资料，为恢复马厂晚期至四坝时期炼铜技术面貌，探讨马厂类型晚期至四坝文化时期河西走廊区域冶金特征及文化间交流提供了新证据。

中国古代先民统称所有金属为"金"，远古时代，张掖矿藏丰富，先民们最先发现的是铜矿。他们在狩猎和放牧时，经常看到露出地面的铜矿石。由于掌握了熟练的制陶技术，对火候积累了丰富经验，他们冶炼铜矿石游刃有余。开始，他们仅仅冶炼红铜，很快就能用红铜锻造各类器物。后来，他们冶炼成砷铜、锡青铜或铜砷锡三元合金。当时的冶铜专业人员已掌握了采矿、冶炼、制造和铸造成型等复杂工艺。远古文明的金属灿光在这块土地上熠熠生辉。后来人们称张掖为"金张掖"，潜意识里是否与发达的青铜文化相关？青铜器最早在5000～6000年前的两河流域出现，青铜器文化及冶炼技术从两河流域传播到中原，要经过张掖。西城驿、东灰山、西灰山等文化遗址考古研究证明，两河流域的青铜文化在5000年前就传到张掖。可以佐证这种早期文化交流的证据还有绿松石、玛瑙、水晶、煤精、珍珠、蚌壳制品等遗物。另外，遗址还出土小麦、大麦、小米等炭化作物，这是甘青地区继民乐东灰山遗址发现此类作物之后出土层位清晰、数量较大的一次。研究证明，小麦原产于西亚，传到河西，至少在距今 4000 年前。由此可见，丝绸之路正式开通前，欧洲、中亚、河西走廊、黄河中下游、蒙古草原等地区并非处于封闭状态，而是彼此交流，互相影响。

"金张掖"，是远古时期人类对黑河流域发达青铜文化的由衷赞美！

这里还得留意一下西城驿史前文化遗址出土的绿松石、玛瑙、水晶、煤精、珍珠、蚌壳制品和玉器、玉料。玉石的使用、传播要早于青铜器。1976 年，妇好墓出土约 300 件玉器，大部分是和田玉。这一考古事实证明，和田玉通过玉石之路大量进入中原王室，而这条路的走向、范围与汉武帝开通的丝绸之路基本一致。多年来，由于缺乏文字记载，玉文化及玉石之路被长久忽略。需要强调的是，如果没有经过玉石之路的初创，丝绸之路开通后不可能很快就得到沿途国家、地区、部族的积极响应。或许，正因为玉石之路的漫长铺垫，汉武帝才有可能振臂一抛，让美丽的丝绸翻山越岭，飘向地中海沿岸。

叶舒宪先生说，"金张掖"之前应该是"玉张掖"，玉石之路就是明证。

大家一边讨论，一边回味，到达西城驿史前文化遗址时，接近中午。甘肃省文物考古研究所的青年考古学家陈国科带领一帮年轻学子正在进行田野作业，因为刘学堂教授是专业考古学家，考察团成员破例被允许进入作业区，近距离观看地面式土坯建筑、半地穴式建筑房址和地面式立柱建筑。其中，地面式土坯建筑在河西地区首次发现。土坯的使用最早在西亚地区，它是不是与小麦一起传入中国？大家连续几天同易华逗乐式争论的砖与胡基问题再次浮现。4000 年前，西亚人把土坯叫作什么？传到张掖后又以什么名字来称呼？现在找不到可靠证据。但是，土坯与砖确实是两种不同的建筑材料，其本质区别在于是否过火及硬度。现场很热，大家没有精力去争论，在陈国科先生的指导下，观看方形和圆形土坯建筑。方形房址为多室结构，有大型承重柱础，以土坯砌墙，局部以土坯平铺地面，沿墙走向铺设石块、兽骨、陶片等。圆形房址建筑方式为先垫较厚的红土地面作为活动面，然后挖基槽起墙，在基槽内填碎土坯、红土、灰土，再以土坯砌墙。墙体分为土坯垒砌和土坯、红土与灰土混合修筑两种方式。

土坯建筑为揭示黑水河中游地区马厂类型晚期至四坝文化早期诸时期的居址形态及形成、发展过程提供了实物资料。根据考古发掘、研究，西城驿史前文化遗址可以分为三期：一期为马厂文化晚期遗存；二期为"过渡类型"时期遗存；三期为四坝文化早段遗存。其中，二期文化多类因素共存，可分四组：A组为马厂晚期风格遗存，以八卦纹彩陶盆为代表；B组为齐家类型，以双大耳罐、子母口罐、高领罐、双耳罐、侈口罐等为代表；C组为"过渡类型"，以彩陶双耳罐、彩陶单耳罐、彩陶壶、彩陶盆、突棱罐、纺轮等为代表；D组以四坝风格彩陶为代表。这些考古研究成果为进一步开展四坝文化的来源研究、"过渡类型"遗存的研究以及四坝文化与"过渡类型"遗存、马厂文化、齐家文化的关系等诸方面研究，提供了翔实的资料和确凿的地层证据，并为进一步建立和完善黑水河流域甚至河西走廊地区早期文化序列提供了新的材料和证据。

交谈中，陈国科提供了有关马鬃山的重要考古信息。他上个月才从那里作业回来。

九、高台，远眺的诱惑

在高台，河西走廊北边的屏障交给合黎山。玉石之路、丝绸之路在此扭了个大结，窄了，集中了，形成险要的峡谷地带。

我们原来的考察计划中，列有骆驼城、许三湾。

骆驼城遗址位于高台县骆驼城乡永胜村西 3 公里处，是著名的北凉古都，唐代重镇。史载，西汉时表是县地震后，前凉在此新建治所。西晋灭亡后，张氏政权为安置关内难民，又建郡，以东晋都城"建康"命名，争取北方汉人支持。376 年，前秦灭前凉，建康郡易主。淝水之战后，苻坚大将吕光在河西拥兵自立，于 389 年建立后凉，委任参军段业为建康太守。次年，卢水胡人沮渠蒙逊拥立段业为主，以建康郡为基地，起兵反吕，四年后建立北凉。405 年，增筑建康郡城。至隋代，被撤销建制，降称福禄县。695 年，唐大将王孝杰在此置建康军，成为甘、肃两州之间的军事重镇。敦煌人吴绪芝曾担任建康军使二十余载。"安史之乱"爆发，陇右节度使哥舒翰奉命率大军勤王，致使河西空虚，吐蕃趁机剑指河西，攻占凉、甘、肃诸州。吴绪芝率部殊死抵抗，终不敌，从主帅杨休明移驻敦煌。其子法名洪辩，为敦煌名僧。821 年被吐蕃赞普任命为释门都法律，后又兼副教授。832 年，又被提升为释门都教授，成为河西僧界最高领袖。848 年，张议潮起兵推翻吐蕃在河西统治后，洪辩派弟子悟真等入京奏事，沟通归义军政权与唐朝中央政府之间的联系。

著名的莫高窟藏经洞最初是洪辩禅室。名僧昙旷也出生于建康（骆驼城），出家后学成唯识论、俱舍论，并入长安西明寺研究金刚般若经、大乘起信论等，后至武威、敦煌弘扬法义。敦煌陷蕃后，赞普请昙旷到吐蕃宣讲汉地大乘佛法。昙旷因病不能成行，口述《大乘二十二问》，阐述禅宗渐顿教义。

许三湾城及墓群位于高台县新坝乡许三湾村西南，祁连山前冲积倾斜平原中下游的戈壁砾石平原与细土平原过渡带上，是汉晋十六国时期河西地区重要的历史遗址。

这两处遗址（主要是骆驼城）出土了大量文物，考察团将在高台县博物馆参观。我们此行主要踏勘的是建康军道。正如前文所述，河西走廊以南，有数条天然道路穿越祁连山直通青藏高原。王孝杰设置建康军，就是镇守这里的北出山口。《资治通鉴》载："开元十六年（728 年）八月辛卯，右金吾将军杜宾客破吐蕃于祁连城下。时吐蕃复入寇，萧嵩遣宾客将强弩四千击之。战自辰至暮，吐蕃大溃，获其大将一人；房散走投山，哭声四合。"祁连城即甘、肃二州间紧靠唐建康军的祁连戍城。陈良伟先生也认为扁都口以西有一条通道，至少启用于西汉中期，东晋南北朝时期相当繁荣，唐初仍在使用，至少启可以承载 6000 人以上大部队通过。

由于时间安排紧，考察目标只能在高台南边的骆驼城、许三湾和北边的地埂坡之间选择。大家商议，踏勘、穿越建康军道没有可能，不如考察与夏文化联系紧密的合黎山口。

汽车直接驰往高台县城。两边田野、绿地阔展，令人心旷神怡。大家兴致勃勃，交谈。十六国时期，这里是前凉、北凉的重要政治舞台。与此同时，匈奴族铁弗部赫连勃勃称雄漠北，后归附后秦姚兴，历任骁骑将军，奉车都尉，持节、安北将军等。406年，赫连勃勃出镇朔方。407年，起兵自立，创建夏国，称大单于、大夏天王。413年，在朔方水北、黑水之南营建都城，名曰统万（今靖边县北白城子）。据易华兄考证，赫连勃勃自称是大禹的后代，因此建国取名为"夏"。"赫连"是匈奴语，意为"天"。合黎山北是腾格里沙漠、巴丹吉林沙漠，自古为匈奴人游牧地。另据传，合黎山就是古代昆仑山，为上古传说中神话人物生活地，也是燧人氏观测星象、拜祭上天的三大处所之一。"合黎"与"赫连"、"祁连"读音相近，是不是也有"天"之意？求教于方家。

徐永盛通过微信不断报道我们的行踪，两根手指快速点击，如鸡啄米。他说，有位朋友发表评论说："路过临泽而不考察昭武城，太残酷！"

是啊，对昭武城，谁不神往？

昭武最早见于《汉书·地理志》。据史料记载，"昭武九姓"本是月氏人，旧居祁连山北昭武城，因被匈奴所破，西逾葱岭，支庶各分王，以"昭武"为姓。《新唐书》以康、安、曹、石、米、何、火寻、戊地、史为昭武九姓，而以东安国、毕国、捍、那色波附于其间。另据《北史》、《隋书》，乌那曷、穆国、漕国也属昭武九姓。粟特人在历史上以善于经商著称，长期操纵东西大道上的转贩贸易。东汉时期，洛阳就有粟特商人。敦煌古代烽燧下曾发现数件古粟特语信件，反映东汉末或西晋末粟特人经商组织和活动。南北朝以来，昭武九姓经商范围更加扩大，姑臧等地开始有昭武九姓移民聚落。唐代，碎叶、蒲昌海、西州、伊州、敦煌、肃州、凉州、长安、蓝田、洛阳等地都有昭武九姓胡聚落。据敦煌写卷《光启元年沙州、伊州残地志》，唐代在今罗布泊地区有康国大首领康艳典建立的五六座移民大城镇，敦煌郡敦煌县从化乡住着昭武九姓胡 300 余户。"安史之乱"祸主安禄山、史思明就是昭武九姓胡后裔。

月氏人、昭武九姓、粟特人在历史演进中曾充当过重要角色。文史资料、神话传说、文化遗址、考古发现等多重证据的不断发现、完善，将会越来越清晰地勾勒出这个民族发展变化的脉络。这次考察，只能匆匆路过昭武故地了！

汽车接近高台，大家就县名称来源展开讨论。《读史方舆纪要》载："高台者以其地稍高，控扼戎番之要冲也。"《一统志》说，因西有台子寺得名。据《高台县志》记载，高台县城西台子寺村有座方形土台，传为西凉王李暠为迎击沮渠蒙逊、誓师点将所筑，当地在此建起寺院，称"台子寺"。据传，唐玄奘自印度取经返回，途经高台羊达子河，水荡木箱，溅湿经卷，便在土台上整理翻晾，此后人们遂称之为"晾经台"，县名由此而来。另有一说，洪武五年（1372 年），明朝大将冯胜平定河西，设高台站。景泰七年（1456 年）改为高台守御千户所。雍正三年（1725 年）改所设县，延续至今。不管史载资料、民间传说的可信度如何，它们却至少透露出两个真实信息：其一，高台是河西走廊锁钥之地，不管商业交通还是军事戍守，地理位置都很重要；其二，高台县水量丰沛。确实如此，车子经过的地区多是绿色沃野，要么是水乡泽国。古老黑河的身影也若隐若现。

太阳炙烤的中午，考察团风尘仆仆，抵达高台县城。简单用餐，即参观高台县博物馆。

馆长寇克红先生带领大家学习、欣赏。他热情洋溢，激情澎湃，恨不能将所有文物精华一览无余地呈现给大家。尽管在高台红崖子乡六洋坝村有甘肃仰韶文化马厂类型器物发现，但目前最受器重的是考古工作者在骆驼城遗址采集到的汉晋玉铢、唐开元古币及汉、魏晋铜印、箭镞、魏晋画像砖（内容有伏羲、女娲、农耕、畜牧、家居等）、猴形木印、汉晋纪年简牍、彩绘木马、木板画、木尺、西晋纪年彩帛旌铭、魏晋帛书等珍贵文物和许三湾墓葬出土的魏晋时期彩绘画像砖、模印砖、木牍、前秦时期木俑、彩绘木板画、牵马俑以及各类陶器、木器和少量丝绸、铜器等。这些文物不但全方位地展现了魏晋时代高台地区生机勃勃的社会生活场景，也为学术研究提供了含人类学信息的新证据。叶舒宪先生非常兴奋，再三表达要将人类学研究与田野调查、考古文物结合起来的愿望。近年来，他利用一重证据（传统文字训诂）、二重证据（出土的甲骨文、金文等）、三重证据（多民族民俗资料）和四重证据（古代的实物和图像）等研究方法不断拓展，在连续出版的"中国文化的人类学破译"丛书《中国神话哲学》、《千面女神》、《熊图腾》、《河西走廊：西部神话与华夏源流》等著作中，致力于中华祖先神话与文化流变探源。甘肃是中华文明重要发源地，留存许多学术"证据"，尤其是考古发掘中出土的第四重证据——古代实物与图像，内容丰富，弥足珍贵。1998年，高台县博物馆在骆驼城墓群西晋纪年墓考古发掘中，棺木前左侧出土一只殉葬小羊。葬羊呈卧姿，两前腿伸展，系杀死后殉葬。这类葬俗在高台骆驼城、许三湾墓葬内发现多例，还发现多枚用墨笔绘画人面像的平头或楔形头木牌，被认定为纳西族人用于祭祀、葬仪的神物"可标"。纳西族为羌人一支，文化渊源一脉相承。魏晋墓葬画像砖中还发现狩猎、耕种、采桑的羌族男女形象，例如《树木射鸟图》、《社树图》等。这些有关古代羌人文化的殉葬实物与画像砖，与至今仍然流行在甘青地区的"引路羊"葬俗互为印证，生动地揭示了古代羌人"引路羊"葬俗在民族交融中的流变过程。

2010 年 8 月 13～15 日，多家学术机构联合在黑河河畔的高台召开

"高台魏晋墓与河西历史文化国际学术研讨会"，集中展示了学术界近年对高台、河西魏晋墓、河西历史地理、中西文化交流、石窟考古艺术、民族文化、语言文学等领域的最新研究成果。

我有幸参加了那次研讨会。

博物馆里的粟特地支神像引起我注意。2013年10月底，我到韩国庆州考察，参观兴德王陵，发现围栏护石上雕刻着牛、虎、蛇、猴、兔等十二支神像，虽经受1200年风风雨雨，但依然栩栩如生，憨态可掬，其拙朴与高台石刻有异曲同工之妙。顺便提一下，守卫王陵神道的是两对站立翁仲，一对武官，一对文官。武官石像竟然是身材魁梧、相貌威严、大眼阔脸、八字胡须的西域人形象！我推测其原型是粟特人。兴德王用外族武将石像为自己守灵，思想解放，胸怀开阔。也正是这种精神气质，才能促进物质文化交流。联想到在武威考察期间关于休屠王祭天金人的种种传说，再次琢磨翁仲。翁仲原指匈奴人祭天神像，但历史上确有其人。翁仲原名阮翁仲，勇猛超常，将兵守临洮，威震匈奴。翁仲死后，秦始皇铸其铜像，置于咸阳宫司马门外，称"金人"、"铜人"、"金狄"、"长狄"、"遐狄"。后来，人们把立于宫阙庙堂和陵墓前的铜人或石人称为"翁仲"。再后来，又专指陵墓前及神道两侧的文武官员石像。翁仲石像从匈奴到秦汉，到唐朝，再到新罗，分明是一条穿越历史、跨越民族的文化交流之路。

寇克红先生满腔喜悦，讲解，介绍，赠书，忙得团团转。甘肃地方文化工作者的热情、执着、敬业给考察团专家留下深刻印象，叶舒宪、刘学堂不止一次赞叹过。或许，是这些长年累月奔波在基层文化第一线的工作者精诚所至，感动了一些有识之士。有位在新疆发展的高台籍企业家慷慨捐资，修建博物馆，目前主体部分已经完成，即将开馆。寇克红先生激动地说："我们高台的博物馆很先进，容量很大，那些价值很高的文物不用再堆积到仓库中了！"

参观结束，大家到宾馆多功能厅召开考察途中的首次座谈会，畅谈几天来的感受。叶舒宪、刘学堂两位先生还接受了张掖电视台采访。

会后，根据寇克红先生建议，大家前往地埂坡考察古盐道、黑河和正义峡。

汽车向西北行进，沿途更多绿地，更多湖泊。寇馆长说，高台大约有 23 个天然湖泊，每年 4 月，天鹅经过，晚霞孤影，美不胜收。天鹅飞走后，青蛙开始活动，两者永远也见不着面，所以，"癞蛤蟆想吃天鹅肉"永远都是梦想。

2009 年 7 月 4 日，我和刘炘、李仁奇两文友在时任高台县广播电视局局长的盛文宏等先生陪伴下，考察正义峡。途中可见宽阔舒展的黑河河谷、黑泉乡十坝村中的胡杨树、沙丘、烽火台和古城墙等。历史上，匈奴人入侵河西，从正义峡而来。中原王朝在此设置军事堡垒，命名为"镇异峡"。后来才改为今名。当年，我们深入下峡谷几公里，遇

｜ 地埂坡上的烽火台

到在祁连山小学任教的蔡文卉。她利用假期帮助母亲劳作，热情地请我们吃西瓜、吃杏子。我们这次选择目标是从高高的地埂坡远眺黑河，远眺合黎山，远眺正义峡。因此，汽车在黑河岸边快乐行驶一阵，便向左拐进戈壁滩。尘土飞扬兮路颠簸，筋骨欲散兮腰将折……

后来，不颠簸了：道路松软，汽车不能前进。于是，考察团成员分乘两辆越野车，沿着戈壁荒滩上的古掩道，直达地埂坡，又冲过一道山沟，到距离烽火台最近的沙岗上。剩下的路只能步行。大家像骆驼一样排成行，过沙脊，攀山崖，终于气宇轩昂地站在半边坍塌的烽火台边，远眺黑河，远眺合黎山。

顺黑河而下，穿越正义峡，可直达居延，或一直向西，可通金塔、马鬃山、新疆巴里坤等地。合黎山周边多长城、古堡、烽火台，折射出沧桑岁月中频繁之战事、激烈之竞争。

夕阳西下，空气变凉，思古之情油然而生。

易华提议光脚行动。我和安琪响应了。赤裸裸接触流沙，感觉真好啊。

寇馆长滔滔不绝讲大禹治水的传说，讲黑河对行旅的重要性，感叹汉朝士兵吃苦精神超过明朝的。他讲了一个故事：几年前，有对青年男女爬上合黎山陡峭山顶的烽火台，却不敢下来，结果饿死了。男的支撑五天，女的支撑七天。大家嘘唏不已，做各种猜测。我宁愿相信他们是为了到达最高处，眺望远处的风景。我宁愿相信他们沉醉于眺望中，不知不觉倒下。海明威的小说中有只豹子跑到了乞力马扎罗山巅，斯文·赫定在昆仑山考察时在人迹罕至的地方也发现了野骆驼的踪迹，显然它们不是为了捕食。人类不可能理解动物渴望远眺的动机。

我不认为那对青年男女的死亡是悲剧。他们懂得并体验到了沉醉的滋味。这就足够了。我相信，若干年后，在黑河冲开合黎山冲向居延海的地方，在玉帛之路的互动中，在大夏文化的背影中，这个偶发事件将演绎成一个意味隽永、美丽动人的故事。

夕阳西下，夜幕很快降临。返回宾馆，已经是晚上 10 点多，夜黑透了。睡觉前，我写了一首无题诗，表达对这次远眺的感受：

向晚驱车地埂坡，远涉沙丘望黑河。
禹王踪迹何处寻？合黎山口泻大泽。
玉道盐路今犹在，不闻驼铃催马车。
古台古垻古边塞，胡基胡人胡骑射。
地蕴珍奇炫彩画，高台晒经絮絮说。
叱咤风云英雄地，丝路遗梦何其多！
西城驿外开古音，西夏卧佛化沙漠。
玉帛之路辨旧辙，今人还对古人月。

十、玉门军道，最早玉门关和火烧沟

　　7 月 18 日清晨，我们告别高台文广新局盛兴荣局长、博物馆寇馆长等，告别美好的高台，前往瓜州。按照计划，还要顺路考察玉门火烧沟遗址。

　　巍巍祁连，漫漫古道。刘学堂教授讲了一个与考古有关的，他成就的一位年轻新疆女作家的悲剧故事。刘教授站在车门扶手处，以书为话筒，深情，细致，讲了大约一小时。每个人都被吸引，被感动。考虑到版权问题，就不记录了，刘教授答应在他的著作里写出来。真人真事真情，可读性肯定很强。从这个故事联想到夏人、月氏人、乌孙人、羌人、匈奴人、沙井人、皇娘娘台人、四坝人、东灰山人、西城驿人，以及首次把铜器、铁器、小麦等传播到河西的外乡人，等等。他们的真实生活是怎样的一种状态？我想，他们也是多愁善感，至情至性。2000 年前后，我创作长篇小说《敦煌·六千大地或者更远》，其中涉及大月氏被匈奴人赶出河西的历史，专门设计这样的情节：月氏大英雄站到最后，不愿离开故土，从莫高悬崖纵马一跳，自杀，即将落地的刹那间，石壁里伸出无数只手，组成大网，接住他，并拉回石崖中保护起来。其妻寻找未果，也要撞壁自杀，石壁却凹进去，后来成为莫高窟的第一个佛窟。我通过这种方式来表达对月氏人的人文关怀。

微信圈里不断有朋友发来消息，说玉门市发现鼠疫，提醒我们要注意安全。其他考察团成员都收到了相关信息。我们都敬畏鼠疫，但没有人打退堂鼓，反而谈起加缪的《鼠疫》和马尔克斯《霍乱时期的爱情》。

汽车开到酒泉服务区，小憩。十几辆大卡车整齐排列，司乘人员忙忙碌碌，或检查车，或抽烟。盥洗室里，不乏洗漱的现代交通运输者。有几对青年男女，应该是四处漂泊、共挑风雨的夫妻。到杂志社任职之初，我就一直有个愿望，希望组织招募志愿者，分几批，跟踪采访含辛茹苦的现代驼客，了解他们，书写他们。我有拍摄的冲动，但是想一想，忍住了。还是不要打搅他们长途跋涉中的短暂休息吧。祝福他们！

考察团绕过酒泉市和嘉峪关市，直奔玉门火烧沟文化遗址。如此安排，主要考虑到时间。实际上，酒泉肃州区有西河滩遗址、干骨崖遗址、赵家水磨遗址、下河清遗址，金塔县也有缸缸洼遗址、火石梁遗址、二道梁遗址、白山堂铜矿遗址等重要文化遗址。尤其是 2003～2005 年，甘肃省文物考古研究所与西北大学文博学院合作进行考古发掘的西河滩遗址，是一个介于马厂文化类型和四坝文化之间，距今约 4000 年的罕见史前聚落遗址，发现 60 多座集中连片、排列有序的半地穴式和地面式房屋基址、石刀、陶器、石斧、骨器、玉石器、储藏坑、祭祀坑、陶窑、墓葬、畜圈等。还发现 430 多座较为集中的烧烤坑。高台、酒泉、嘉峪关发现的魏晋壁画墓中，不乏烧烤内容的表现题材。在高台博物馆参观时我就想，这种烧烤的方式应该很久远，在古陶时代、青铜时代广泛应用。西河滩遗址中有 430 多座烧烤坑，规模不小！他们烤全羊、烤全鹿还是烤全兔？他们庆祝丰收还是大宴宾客？不得而知，留待以后探讨吧。

嘉峪关还有黑山岩画，1998 年我曾考察过，拍摄过照片，可惜连同相机一起丢失。

坐在疾驰的车上，遥望高耸的祁连山，想探究古代酒泉地区与青藏高原沟通的玉门军道出自哪个山口。史料记载，隋朝在今玉门市境设玉门县。唐在今玉门市赤金镇一带设立玉门军治所。唐代于今玉门市境先后设玉门县、玉门军。刘教授认为，锁阳城（瓜州古城）以南不远有一山口，今名旱峡口子，是吐蕃军队进犯的孔道。结合严耕望、陆庆夫、陈良伟等先生研究成果，可以勾勒出玉门军道大概路线：从今天青海境内的疏勒河上游，过其他河达坂隘口进入肃北蒙古自治县境，至荒田地，途经肃北蒙古自治县旧场部、鱼儿红乡，由玉门市旱峡山区的红沟（人马行走亦可经旱峡口)进入河西走廊区，分为两路：向东经朝阳村通往玉门市赤金镇（唐代玉门军驻地)，向西北经红柳峡通往瓜州县。通过该道进入瓜、肃二州境内，继续向北，经花海、金塔、居延海道，可通往蒙古高原或河套、宁夏平原。这是吐蕃北联突厥的一条外交通要道。727年，吐蕃侵袭瓜州、肃州就走此道。

玉门县、玉门军、玉门关、玉门军道，这些名称显示出河西走廊中该地域的重要性，而分布在玉门市的火烧沟、砂锅梁、骟马城、古董滩等史前文化遗址更加深了其地的内涵。

我们选择的是火烧沟遗址。从清泉出口下高速，在玉门市文物局朋友的带领下，匆匆参观完王进喜纪念馆，便开向位于清泉乡境内，紧邻312国道边和兰新铁路的火烧沟遗址。

火烧沟一带沟壑纵横，山峦起伏，沟崖多呈火红色，故名。1976年，玉门市清泉公社修建中学，施工过程中挖出一些石制器具、陶罐和铜制品。当时，一位在清泉乡插队的知识青年捡到一些陶罐和陶片，带回兰州，送给在考古队工作的亲戚鉴定。几天后，甘肃省文物考古队便派人实地查看。于是，被称为甘肃六大古文化遗址之一的火烧沟遗址就这样被发现。由于当时的社会环境，等到省上组织人力发掘时，清泉公社中学已经落成。因此，火烧沟遗址发掘工作在中学周围白土梁、骟马城、惠回堡一带展开。据推测，遗址中心或许就在清泉中学下面。目前，学校已经另寻新址，这里全部成为文管所办公地。我们到达时，阴云密布，冷风嗖嗖，微雨飘洒，已经搬空的学校旧地显得有些寥落。学校院墙东边，就是承载过多少年史前文化生活的台地。火烧沟周边，是直扑祁连远山的广阔原野。遥想当年，先民以白杨河、骟马河为生命摇篮，狩猎，耕作，放牧，冶炼，雕凿，制陶，酿酒，无忧无虑地营造出这方水土的人文气息。时过境迁，这些当时的大地主人无声无息地走进岁月深处，留下长满杂草的古老河床和荒凉萧索的台地，只有俯拾皆是的破碎陶片仍然执着地闪耀着历史长河中特定时期的燧影和繁荣。

火烧沟遗址上俯拾皆是的破碎陶片

是的，就在这片曾经布满古坟堆的地方，在这曾经萦绕着琅琅读书声的地方，在这至今仍然响着隆隆机动车声的地方，曾经产生了灿烂辉煌的史前文化！

1976 年，甘肃省文物工作队发掘清理上、中、下三层墓葬，发现上面一层主要是魏晋墓和汉代墓，中间多是汉墓，最下为新石器时代后期墓葬，出土了大量珍贵的陶器、铜器、石器、玉器、骨器和部分金银器。火烧沟文化距今约3700 年，大概与夏代同时。也就是说大约从夏代开始直到汉代，就一直有人在这里生活。

考古资料显示，火烧沟是夏商时代重要冶炼中心，在甘肃省早期古遗址中发现铜器和出土数量最多，达 200 多件，远远超过全国各地夏代遗址出土铜器总和。在清理的 312 座墓葬中，106 座有以模铸为主的斧、镰、镢、凿、刀、匕首、矛镞、铜管、锤、镜形物等铜器（青铜数量超过红铜）。专家认为，当时火烧沟遗址的铜器制造技术在全国最先进，一件四羊铜权杖杖首为分铸，是我国迄今为止发现最早的分铸铜器。铜箭镞石范是我国已发现的时代最早的铸箭镞石范。火烧沟出土的金耳环数量较多，纯度很高，显示出黄金制造的高超水平。

火烧沟人还能冶炼其他合金。考古学家认为，火烧沟文化中的铜器制造业发展水平在夏代诸文化中，仅次于二里头文化。因此它位列全国100 个"最具中华文明的考古发现之一"。

火烧沟文化的彩陶、石器也很有特色。彩陶大多制作精细，造型别致，是四坝文化的典型代表，主要器型有双肩耳罐、双大耳罐、带盖球形罐、鹰嘴壶、三狗方鼎、四耳罐、单耳罐和盘等，图案花纹各异，极具艺术性。20 多只陶埙是国内已经出土的古代乐器中年代较为久远的一种吹奏乐器，极富特色。墓葬男女装束、发饰、发具等多为游牧民族风格，且佩戴金银首饰、松绿石珠、玛瑙珠等，表明当时农业、畜牧业、手工业、商业都很发达。根据古代文献记载推测，火烧沟文化创造者大概是古代的羌族部落。

火烧沟彩陶花纹多以直线构成。以蜥蜴纹从写实到写意的系列发展过程更有特色。大家就此展开讨论。据刘学堂教授介绍，新疆小河墓地发现了与蜥蜴有关的墓葬风俗。或许蜥蜴也将成为玉帛之路上文化传播的一个重要符号，刘教授会不会谓之"蜥蜴之路"？

我能看清大地的模样
但无论怎样努力

都不能看清历史的模样

河西走廊，一条天然的文化通道

文明的力量怎样互动

干涸的土地下

隐藏了多少神秘的微笑和无奈的哭泣

历史文化

从来不会如此冷静

十一、兔葫芦遗址，考察线路重大调整

新玉门市人口稀少，非常空阔，毫无堵车之忧。大家参观了一家私人开办的玉门火烧沟文化纪念馆，即驰往瓜州。根据原定计划，晚上下榻瓜州宾馆，拜会李宏伟、宁瑞栋等学者，次日就赶往敦煌，陆续与郑欣淼、卢法政两位考察团成员会合。

我们此行计划考察的最西点就是汉朝玉门关（即斯坦因认为的小方盘城）。历史上，玉门关先后经过多次迁移，历来学者就关址问题多有争论。《汉书地理志》载："有阳关、玉门关皆都尉治。"《史记·大宛列传》张守节《正义》引《括地志》云："玉门关在（龙勒）县西北一百十八里。"莫高窟晚唐抄本《沙州志》(S.788)、五代写本《寿昌县地境》及《沙州归义军图经略抄》(P.2691)也有记载，认为此关建于汉武帝时，约废于东汉光武帝建武二十七年（51年），史称故玉门关或古玉门关；东汉以来所置玉门关谓之"新玉门关"。《大慈恩寺三藏法师传》最早记载新玉门关位置。百余年后，李吉甫《元和郡县图志》再次指明位置。明清以来，关于新玉门关位置有三种说法。《大明一统志》说在"故瓜州西北一十八里"；陶保廉《辛卯侍行记》说在今瓜州县东百余里之双塔堡东北；严耕望《唐代交通图考》说唐初玉门关在锁阳城西北，也推测在窟窿河下游双塔堡东或小王堡（当地称小宛堡）之西，还提出初唐以后可能移到瓜州城近处。林竞《西北丛编》、阎文儒《敦煌史地杂考》、《河西考古杂记》都对陶保廉观点加以推介。阎文儒曾亲赴双塔堡一带考察，肯定陶说。历史学家岑仲勉先生曾质疑此说。法国汉学家沙畹在《斯坦因在东土尔其斯坦沙漠所获中国文书考释·序论》中提出汉武帝太初年代以前之玉门关在敦煌以东。王国维赞成此说。向达著《两关杂考》反驳，沙畹之说遂被否定。近年来，著名学者、敦煌研究院李正宇先生在对瓜州历史地理考察研究过程中，查阅大量文献资料，并进行实地考察，逐渐形成自己的看法，发表《新玉门关考》（《敦煌研究》，1997 年第 3 期）阐述观点。他根据《沙州都督府图经卷第三》所载瓜伊驿道加以推测，唐玉门关应在锁阳城、北桥子及踏实乡破城子之间三角地带范围内。向达先生曾指出："隋常乐有关官，其治所为玉门关无疑也……《隋书》亦云玉门关晋昌城，是自长安西去，必先至玉门关而后抵晋昌，与《元和志》所记合。"1996 年 8 月 15 日下午，李先生曾与宁瑞栋、潘发成、李春元、李旭东等人驱车实地考察，发现马圈村西二古城，小城居东北，大城居西南。经考证，东北小城就是隋玉门关，西南大城是隋常乐县（唐代为晋昌县），玉门关沿置未改。

由此可知，隋代玉门关已在常乐县东。但这并不等于说东移之玉门关始建于隋代。向达先生认为"玉门关之东徙与伊吾路之开通当有关系"。李正宇先生沿此思路结合数宗史料所载信息，进一步研究，认为新玉门关设置于东汉永平十七年（74 年），当初既是为伊吾道而设的关卡，也是东汉"使护西域中郎将"的衙府。

这不是最终结论，学者对历代玉门关设置时间、地址仍有不同观点。西北师范大学敦煌学研究所所长李并成先生认为最早的玉门关应设在嘉峪关市石关峡，约在西汉元鼎六年（前 111 年），随着汉长城西延至敦煌，约在西汉太初三年(前102年)李广利第二次伐大宛之际，玉门关才迁到敦煌西北今小方盘城一带，石关峡原址改置为玉石障。89～105年，西汉将玉门关东迁到今玉门镇。东汉，新北道开通后，玉门关又迁到今瓜州县双塔堡附近。五代至宋初，石关峡重设玉门关。1036年，西夏占领河西走廊，玉门关从此销声匿迹。2013年7月，西北师范大学、敦煌研究院、兰州大学和宁夏大学等高校的专家学者30余人组织了"寻找最早玉门关"调研活动，参加考察的大部分专家赞同此说。

玉门关城址不断变化与当时政治、军事、经济等形势密切相关。伴随着考古发现，争论还在继续着。叶舒宪先生有感而发，写了考察手记《游动的玉门关》。

不管哪种观点，玉门关都"游动"在嘉峪关、玉门、瓜州、敦煌范围内，这片逶迤连绵在马鬃山与祁连山之间的广袤荒滩更像辽阔牧场。西河滩、玉门火烧沟等史前文化遗址显示了古老游牧民族的文化生活。几千年前，这里应该是"风吹草低见牛羊"的美丽牧场。根据古代史书记载，这里生活的大多是羌人。顾颉刚在《古史辨自序》中的两部分重要内容《三皇考》和《昆仑传说和羌戎文化》，详细考证史前文化和西戎、戎氏、氐羌等游牧民族。如果顾颉刚等先生当年能看到西河滩、火烧沟等文化遗址及其出土实物资料，或许会写出更多更有说服力的文章。

7月18日下午，考察团抵达瓜州。入住宾馆，步行到瓜州博物馆参观。正在参观时，甘肃简牍博物馆馆长张德芳先生天神般降临，我很诧异。他像孩子般开怀大笑，说他参加完嘉峪关的一个会，今天到达瓜州，正在库房干活，听文广新局局长李宏伟先生说我们参观，便上来打招呼。张先生参加了7月13日上午启动仪式和研讨会，并且发言。时隔五天，在千里外的瓜州相见，大家都很兴奋。张先生主要研究简牍学和西北地方历史考古，著有《中国简牍集成》、《敦煌悬泉汉简释粹》、《悬泉汉简研究》等。2014 年 6 月 22 日，第 38 届世界遗产大会宣布，由中国、哈萨克斯坦和吉尔吉斯斯坦联合申报的丝绸之路项目"丝绸之路：长安—天山廊道的路网"通过审议，正式列入《世界遗产名录》。我们策划编辑"世界文化遗产丝绸之路甘肃专刊"时获悉，此前多年，张德芳先生就参与申遗文本的书写。谁能想到，他们做这些大量基础工作竟然没有任何物质报酬，他们的卓越品格和高风亮节令人敬佩！见到张先生我由衷地表现出喜悦，也主要是基于对他的敬重。我盛情邀请他参加计划在瓜州举办的座谈会。他爽快答应。

参观完博物馆，李宏伟先生告诉我，德高望重的李正宇也正好在敦煌。我很高兴，立即打电话过去问候、邀请，李先生也答应出席。

2009 年 8 月 31 日，我曾与李正宇先生、导演韩持赴瓜州参加甘肃省广播电视局原副局长刘炘先生文化著作《玄奘瓜州历险之谜》首发式及座谈会。9 月 1 日上午，我和李正宇、刘炘、李宏伟、韩持等人考察新北道"疑似"第一烽"雷墩子"。9 月 2 日上午，又和李正宇、宁瑞栋等先生考察石板墩。晚上用餐时，我和李宏伟、宁瑞栋、李旭东等谈起以前的几次考察。李宏伟得知考察团次日就要赶赴敦煌，再三表示遗憾，叹息说我们在瓜州待的时间太短。他如数家珍地介绍瓜州历史文化遗址。

叶舒宪先生问："有没有史前文化遗址？"

李宏伟脱口而出："怎么没有？桥子乡北桥子村东北 10 公里有鹰窝树遗址，在两座沙丘中间，清理发现房屋遗址 7 处，出土双耳彩陶罐、单耳彩陶罐、双耳褐砂陶罐、石刀、石斧、石镰、石锯、石球、绿松石珠、玛瑙珠、海贝、蚌环、铜泡、孔雀石串珠、金耳环等生活用品、生产工具和装饰品。还有布隆吉乡双塔村西南 5 公里沙丘中的兔葫芦遗址……"

大家颇感意外。此前，我们只关注到瓜州的锁阳城、榆林窟、新北道、玉门关等，确实忽略了史前文化遗址。叶老师拿来《中国文物地图集·甘肃分册》翻看，果然有记载，在县东部布隆吉乡双塔村兔葫芦一队西南约 5 公里的沙丘中，还提到属于四坝文化遗存的鹰窝树窟址。大家"紧急磋商"，临时对计划进行微调：明天早晨提前行动，先考察相对较近的兔葫芦遗址，然后再赶往敦煌。

7 月 19 日是星期天，李宏伟先生本来另有安排，但他毫不犹豫调整时间，给我们当向导。

汽车首先到达距县城东 45 公里处的双塔水库。沿 312 国道从玉门往瓜州，也能看到明镜般镶嵌在南边戈壁深处的湖泊。双塔水库截断疏勒河而修建，是甘肃省第二大农用水库，野鸭成群，天鹅翔集，现已经发展为一片小绿洲，树木参天，瓜果飘香，是荒漠里的世外桃源，时有游人前来观光、纳凉、度假、垂钓，享受野外趣味。

被装在人工渠里的疏勒河继续西流。古代，水势大时它可注入罗布泊；现在，要流到敦煌以西的河仓城都很困难。

青山子、截山子从东向西逶迤上百公里，总结于三危山，成为瓜州、敦煌大地上的一道分水岭，南部到祁连山之间较为湿润，多草滩、林地、水塘，北部到马鬃山的辽阔地域，为干旱荒漠。双塔水库在青山子之北，陶葆廉、李并成等先生认为的唐代玉门关就在被水淹没的库区。李正宇先生则认为，双塔堡在瓜州城东北 100 里，若驿道经双塔堡而抵常乐城，其行进路线是先东北、再西南，就绕道了；若从双塔堡直指西北而往伊州，可直插红柳园（唐乌山烽）入莫贺延碛路。但双塔堡至红柳园间 200 里，唐代并无驿路通行。因玉门关涉及玄奘当年偷渡出关、遭遇危险的路线，李正宇先生写过一篇《玄奘瓜州、伊吾经行考》，细化到每一天的行程，考证分析。

由于研究方向不同，考察团成员注意力没有集中到玉门关旧址上，而是在乎关之得名。不管历史上玉门关的位置如何变化，但名称一直坚持沿用，也算奇迹。叶舒宪先生不断问李宏伟："瓜州出不出玉？"李宏伟神秘一笑说："出啊，怎么不出？有个叫大头山的地方就产玉。"叶老师问我听说过没有。我说，甘肃以敦煌玉、祁连山玉、鸳鸯玉产量最高，祁连山玉俗称酒泉玉或老山玉，有白、绿、黄、蓝、杂色，产在祁连山中，鸳鸯玉产于武山县鸳鸯镇峻岭，有黄、绿、茶青和玄色等，以绿色为佳。2009年，敦煌发现洁白通透的高品质石英岩玉——敦煌玉，似乎正被开发着。于是大家纷纷说酒泉、嘉峪关等地人有周末到祁连山捡玉的习惯。

说话间已到布隆吉草原，前面出现一连串葫芦状的湖泊及其养育的芦苇、白杨之类植物。布隆吉南靠祁连山，北依马鬃山，地域辽阔，蒙古语、突厥语意为"露头泉水多"、"水草丰茂的地方"，自古以来就是优美牧场。兔葫芦遗址位于其中，理所当然。

| 瓜州兔葫芦河

尽管我 2009 年曾经到过此地，但在寂寥的荒漠中猛然跃出如此丰盈、如此滋润的连片绿洲，不由得让人感到恍若隔世。据说这就是葫芦河。大家精神振奋，兴高采烈，下车"打望"，拍照。以简易公路为界，东边是湿润的葫芦河流域，如诗如画；西边是浅显绿地，庄稼兴致勃勃洋溢着油绿。杨树梢上的叶子全被风刮掉，长得很沧桑，女博士安琪说像聪明绝顶的老教授。

不过，向南行进几公里，就连这种"沧桑树"也看不见了，两边几乎全是生长着骆驼刺、罗布麻之类耐旱植物的荒漠。没有植物遮蔽之地，裸露凸显出一座座低矮泛黄的沙丘。大地如此真实，又如此分明，令人感慨。再走一阵，"天似穹庐，笼盖四野"，向两边看都是没有尽头的荒滩。忽然想起凡·高充满浓烈乡愁意味的《茅草屋和树》、《茅草屋和挖地的农妇》、《茅草屋和回家的农民》、《记忆中北方的茅草屋和柏树》、《科尔德维的茅草屋》等系列油画，它们的价值就是这片荒地的写照。多年来，我像喜欢荒凉一样喜欢凡·高的油画。我觉得西部荒原与凡·高的画是人生况味的两端……

汽车在沙砾路上犹豫徘徊，摇晃不已。司机下车观望几次，说前面是沙滩，进不去了。李宏伟指着遥远的鹰嘴山方向说兔葫芦遗址就在前边大约 5 公里远的地方。天空有薄云，可以适当减弱阳光的威力。大家毫不犹豫向荒滩迈进。这是多么沉寂的一片荒地！几棵低矮胡杨，数朵营养不良的骆驼刺，憔悴不堪的芦苇丛，柔弱沙丘，干涸古河道，忙忙碌碌的小甲虫。漫无边际，单调荒凉，即便远处稀疏树林般的电线杆不断提醒，但我们仍然强烈感觉到时光倒流，要走回洪荒远古时代。不时地，能看那到暴露在沙滩的陶器碎片。叶舒宪先生还捡到一片青花瓷。已经到了兔葫芦遗址的边缘地带。大家都很激动，拿着陶片，对比，讨论。李宏伟不断提醒："路边的陶片很多，大家不要耽误了行程，更美的遗址还在后面！"

大家还是走走停停。队伍逐渐拉开距离，在沙丘与风蚀黏土地面相间的丘陵地带分散。我们不像散兵游勇，我们有明确目标。

人们进入草原森林或高山峡谷，总喜欢呐喊几声，以宣示自己的存在。但在荒原中行走，丝毫没有喊叫的欲望。因为巨大的空旷能消解任何声响。大家只有默默行走。天公作美，布以薄云，不然，这大正午的，根

| 暴露在荒滩上的碎陶片

本热得进不来。李宏伟说这种天气叫"祥云盖菩萨"。他还说锁阳城进入《世界文化遗产名录》后，瓜州连续下了七天雨，很罕见。

几座高大的沙丘横亘在前面，有玉镜般的小水泊在沙湾里酣睡，很意外。于是，我们光脚，沿着沙脊跋涉。很费劲，很艰难，也很有趣。终于到山顶。观瞻周边，全是裸露的泛着白光的荒原。四坝文化时代的先民在这里生活多少年，然后像风卷残云，神秘地消失在岁月长河里。此后，历朝历代的人们都在这里上演一番不同的生活情景剧，不管悠闲还是从容，都要极尽繁华绚烂之后，重归平淡。就像眼前所呈现的。

李宏伟说，兔葫芦遗址核心区还在前边。没有人泄气。当然，泄气也没用。每个人都能战胜自己。大家一鼓作气，下沙丘，穿过一片有过明显流水痕迹的滩地，到达"准核心区"。真正的核心区还在前面大约1公里处，得翻越两座沙丘。李宏伟担心大家返程乏力，建议就在这里

观察、感受。

兔葫芦遗址是 1972 年酒泉地区文物普查时发现的，出土过新石器时代的石刀、石斧、石镰、夹砂陶罐及少量彩陶片，以及隋、唐货币、车马饰件等，表明这片四坝文化遗址承载人类（或为羌族）活动时间之久远、漫长。瓜州博物馆曾三次派人调查，采集到数百件各类遗物，我们这次调查，或许可以算作第四次。

这个遗址因为人迹罕至，即使风沙破坏严重，但仍可看出其原始状态。遍地陶片，随处可见的陶泥，排列整齐的陶窑，蜿蜒袒露的旧河床，支撑起 4000 年先民们的生活蓝图。这是距离新疆最近的史前文化遗址之一吧。大家开始追问"兔葫芦"名字来源。叶舒宪、刘学堂两位先生推测大概与吐火罗民族有关。敦煌西湖国家级自然保护区中有个地方叫"土豁落"，孙志成兄说敦煌人这样称呼有豁口的"V"形地。但有些资料中也写作"吐火罗"。甚至有人说"敦煌"也是吐火罗语。这里面是不是包含着某些古老的文化信息？

有学者研究认为，吐火罗人是最早定居天山南北的民族之一。阿尔泰山至巴里坤草原之间的月氏人，天山南麓的龟兹人、焉耆人，吐鲁番盆地的车师人以及塔里木盆地东部的楼兰人，都是吐火罗人，他们对西域文明乃至中国文明发生、发展起到过重要作用。小麦就是吐火罗人从西亚引入中国的。那么，吐火罗人起源于何处？有学者认为源自阿尔泰山与天山之间的克尔木齐文化，而该文化又源于里海—黑海北岸的颜那亚文化。从克尔木齐文化分化的一支南下楼兰，形成小河—古墓沟文化；另外，吐火罗文化与羌文化结合形成塔里木盆地中部的新塔拉文化和尼雅北方青铜文化。因此，青铜器、冶炼技术及马车等传入河西、中原，也应该与吐火罗人有关。假如这个学说得到更多考古证据支撑，我们可以大概勾勒出史前民族文化的交流状况：

最早，吐火罗人向西迁移，到达河西走廊，被称为月氏人。

月氏人依靠民族文化优势，成为东西文化交流的重要中介，活动于欧亚大陆的广袤地域，从事长途运输和商业贸易。月氏人在经商的同时，兼营畜牧和农业，并形成聚落，作为商业中转基地（这个时代大概相当于中原的夏朝）。

匈奴兴起，为抢夺资源，攻击月氏人，并最终将大部分月氏人赶出河西走廊，小部分月氏人躲进祁连山，以游牧为生。

月氏人在中亚建立大夏，之所以如此命名，乃是因为夏朝将他们视为贵宾，鼓励发展商业贸易。而他们确实也得到了丰厚的回报。

大夏灭亡后，大月氏分裂成被统称为粟特人的昭武九姓，他们继续充当着中亚与西域、河西、中原文化交流的使者。

如此，可否假设，兔葫芦文化的创造者就是羌族和吐火罗人？

解答这个深奥问题，仅凭裸露在荒滩上的一些零星碎片，远远不够。我们就像置身于苍茫大海的飞鸟，感觉到了时空之浩渺、宇宙之无垠。

……我们沿着一条汉朝渠道遗址返回。尽管很热很累，但时而转身时看到那么壮阔、那么宁静的荒凉古滩，真不忍离去。7月19日，是有意义的一天，值得纪念。这次考察往返超过11公里。那可是夏天热得发烫的沙漠啊。尽管打着遮阳伞，并且早就涂了防晒霜之类，安琪和孙海芳的皮肤还是被晒得发红。

在双塔水库用餐时，大家又说到玉。李宏伟再次不经意说起大头山玉矿："我上周才跟朋友去考察过，采集到不少玉石，可以同和田玉媲美。"

叶舒宪惊得目瞪口呆："不会是马鬃山吧？"

李宏伟肯定说："没错，就是大头山，绵延25公里，遍地都是玉石。"

大家商议一阵，毅然决定对考察线路做出重大调整：不再长途奔袭绕道当金山口东返，而是考察大头山。原定在敦煌举行的座谈会，也改在 20 日上午瓜州博物馆举行。及时告知李正宇先生，他说将由其子李新研究员陪伴专程来参加。大家都为这个决策兴奋着。李宏伟更是高兴，自告奋勇当向导，并且安排人帮我们联系租越野车。

下午，微雨。我和徐永盛从敦煌机场接到来自新疆的考察团成员，作家、阿克苏地区人大主任卢法政先生。军政利用这点空闲时间，采购了考察大头山所需的大饼、西瓜、鸡蛋、西红柿、黄瓜和矿泉水。

十二、大头山，考察线路重大调整

7月20日，根据安排，考察团兵分两路：南路由军政、卢法政、安琪从敦煌机场接到文化部原副部长、故宫博物院院长郑欣淼先生后，一起参观莫高窟。这样对卢法政和安琪更有意义，也免去爬山之苦。他们带红色条幅。北路大队人马考察大头山，带蓝色旗子。

上午8时，两支考察团同时从宾馆出发。

我们与玄奘当年"偷渡出境"时所选择的著名的新北道（唐瓜州常乐县至伊州的官道）路线大致重合。新北道是玄奘西行最为艰难的路段，唐代称为"莫贺延碛路"，敦煌遗书中又称"第五道"。莫贺延碛北起哈密北山南麓，南至瓜州县大泉西北，绵延800里，唐代设10个驿站，即新井驿（雷墩子）、广显驿（白墩子）、乌山驿（红柳园）、双泉驿（大泉）、第五驿（马莲井）、冷泉驿（星星峡）、胡桐驿（沙泉子）、赤崖驿（红山墩东）、格子烟墩及大泉湾。李正宇根据史料记载，多次考证，踏勘，确定了各驿站位置。

当年，玄奘在莫贺延碛九死一生。考察团成员分乘三辆越野车，尽管在柏油路上疾驰，但炎热天气和两旁闪现的沙砾古滩不断提醒这段路程的艰险。玄奘曾写过一首诗《西天取经颂》："晋宋梁齐唐代间，高僧求法去长安。去人成百归无十，后者焉知前者难。路远碧天惟冷洁，沙河遮障力疲殚。后贤若未谙斯旨，往往将经容易看。"感慨求取真经之难。我推测"去人成百归无十"句化自《太平御览》所记载古人到昆仑山采玉情形："取玉最难，越三江五湖至昆仑之山，千人往，百人返，百人往，十人返。"倘若真是如此，玄奘就将西行取经看作往昆仑雪山采玉一样神圣、艰苦。我们此行采玉，竟与玄奘当年出关路线重合。

经过一个叫石窑子的地方，李宏伟指给我们看，这是伊吾大道的驿站，林则徐被贬谪伊犁时曾经住过，有详细记载。

莫贺延碛在汉武帝以前属匈奴呼衍王地，"莫贺延"是"呼衍"、"呼延"、"呼演"、"姑衍"、"居延"、"车延"、"五船"的别译。据载这里"长八百里，古曰沙河，目无飞鸟，下无走兽，复无水草"，异常困难。唐代称西域为"碛西"，"碛"就是指敦煌、瓜州与罗布泊、哈密等地之间的"莫贺延碛"，现称"哈顺戈壁"，只有野骆驼出没，我从未见过有关玉山的记载。当然，古代史料记载的采玉地点都很笼统，清代以后才较为详尽，主要在塔什库尔干、叶城、皮山、于阗、且末等地。这些玉矿有古代采玉坑和采玉人留下的遗迹。19世纪末，俄国地质调查者鲍格达诺维奇、什拉金特描述了七个昆仑山软玉地段，他们指出："原生露头和转石地区呈东西向从叶尔羌河河谷延伸到罗布泊。"倘若真是如此，我们即将探寻的"大头玉石山"就是罗布泊边缘的尾矿？

遥遥相望的马鬃山玉矿遗址是否也与该矿脉有关？

从地图上看，祁连山西部余脉稍南，天山东部余脉稍北，两大山脉拢成的豁口处，有一系列雁行状山系楔入，远看如马鬃，因此称为马鬃山，蕴含铜、铅、锌、金等多种金属。后来又在肃北县河盐湖径保尔草场发现了甘肃境内目前所见最早的一处古代玉矿遗址。2007、2008年甘肃省文物考古研究所进行调查，2011 年 10～11 月发掘，出土陶器、铜器、铁器、石器、骨器、玉器（多为局部磨制光滑的半成品）、玉料（多为初选后的精料）等器物，发现近百处古矿井、矿沟、矿坑和石锤、石斧、石砍砸器等采矿工具，砺石、石锤等加工工具和陶器、铜饰等生活用品，铜镞、铁镞或铁矛头等武器，确定有采矿区、生活作坊区、防御设施区。显然，这是一处早期工业遗存，年代上限为属于四坝文化的骟马文化——骟马类型和兔葫芦类型，下限为汉代。当时，这里可能是玉矿重要产地，有强有力的机构控制矿石开采、加工、输出等。

宋代以前，马鬃山曾是一处重要的玉石中转集散地，有科考队在黑戈壁发现很多散落的玉石，经过长期风化，铁锰质把它们也包裹成黑色。这条线是古代丝绸之路北线——古居延道，也是草原丝绸之路大通道。"安史之乱"后，河西走廊交通受阻，这条路成为中原通往西域的命脉。1928 年斯文•赫定、贝格曼等人在西北考察，即由此道上的明水进入巴里坤、哈密。叶舒宪先生对马鬃山魂牵梦萦，多次提到要前往考察，但由于路况差、路程远，而未能设计到本次考察行程中。从嘉峪关开始，我们考察时大多时候都能望见影影绰绰的马鬃山姿影。叶老师拿着地图比画，说一天完全可以往返。李宏伟说望一眼，走一天，从瓜州出发大约要 390 公里，他才作罢。

我们到达的第一个城镇是著名的柳园镇。镇南曾设置乌山驿（红柳驿），清人施补华写《马上望红柳驿》："晨征将百里，东望野茫茫。沙软马蹄涩，日斜人影长。一边山尽赤，七月草全黄。闻道流泉美，潺湲古驿旁。"此情此景，今犹如此，即便有很多现代建筑，还是不能遮掩这片干涸土地的荒凉。

过了柳园，地势开始变得越来越开阔，草滩无垠，荒山逶迤。前面出现的花牛子山、黑尖山几度让我们误以为是大头山。李宏伟平静地否定，让大家耐心等待。他不断向窗外眺望，指给我们看玄奘遇险肇始地大泉的大概位置。当年，玄奘到大泉(即第四烽，后又名双泉驿)得到烽官王伯陇照顾，赠送大皮囊及马麦，并建议他绕开"疏率"的第五烽(马莲井)烽官直接到野马泉取水后去冷泉驿(星星峡)。第四烽西北属极旱荒漠，唯照壁山中有野马泉等数处泉水，也曾是交通便道。李宏伟曾同李正宇、宁瑞栋、刘晓东等人在芦苇井子一带考察，发现泉水渗出，且有大片芦苇，确定为野马泉。

汽车沿着古代驿道，在青色的石山间穿行许久，到达一个高高的山冈，眼前豁然开朗，呈现出非常辽阔的盆地，左边向西舒缓伸展的石山就是大头山，马莲井就在对面的荒草滩里。2009 年 6 月 29 日，李正宇曾与李宏伟、宁瑞栋等瓜州县博物馆及瓜州历史文化研究会的学者在马莲井考察，发现过东汉剪边五铢 10 多枚，表明这个驿站东汉时已经使用。驿站北有水泉，自东北向西南延伸 50 余里，他们推测可能是史载新北道所经过的"横坑"。清代在那里设置过马莲井子军塘。裴景福诗《马莲井》将这里写得阴森可怕："兜铃悬古堠，蔺石卧荒闉。旷野虎争路，昏林鸥吓人。僧残山鬼侮，民蠢社公神。雁户余三五，谁能馈尔贫。"但清人史善长写的《马莲井子》却以细致写实的笔法再现了这个戈壁驿站的生活情形，富含人类学信息："戈壁一都会，烟村数十家。羊头高护屋，马粪细煎茶。粟贵来程远，粮储去路赊。闻香炊饼熟，不敢厌泥沙。"可见当年的马莲井子俨然是生机勃勃的小村镇。一个驿站竟然衍生出"烟村数十家"，其中有多少缠绵悱恻的故事！

我很想到废址处看一看，但时间有限，只能遥望。现代公路基本上与旧驿路重合，东边是一望无垠的滩地，古人设置马莲井子驿站，建筑烽火台，可管控周边广阔地域。李宏伟说照壁山、野马泉还在遥远的大头山之西。当年玄奘离开第四烽西行，要绕开第五烽，就必须沿着戈壁北缘及群山南侧前进。而这一片地域，正是大头山襟带以北的乱石滩！

为了寻找玉石，我们也要"绕开"第五烽。汽车离开高速路，从便道驶入大头山北缘荒草、沙砾、乱石相间的滩地，拐来拐去，沿着车辙痕迹，寻找较为平坦的道路前进。剧烈颠簸，颠簸剧烈。汽车几次都颠得熄了火。虽然有大规模的层云遮挡阳光，但那种沙漠地带特有的热浪还是不折不扣地袭来。越野车通过尚且如此艰难，何况人马步行！玄奘当年既要防备让第五烽烽长发现，又要克服干渴、恐惧、孤独、艰辛、焦虑等等，苦不堪言。但他凭借坚强的意志终于闯过了这片石头遍地的滩地。

颠簸着，摇晃着，炎热着，喘息着，经过一片又一片的沙滩，越过一道又一道洪水冲刷形成的大壕沟，终于，汽车停在距离山脚很近的缓坡处。摄像师冯旭文跳下车，不久便捡到一块品质优良的白玉，叶舒宪老师大加赞赏，说可与和田玉媲美。李宏伟说好玉应该在山里面，大家忍耐一下，再往前走走。于是，大家上车，继续颠簸。西边，可以看到照壁山的影子。玄奘当年在这一带遭遇沙尘暴，迷路了，他不敢贸然进入照壁山，与"野马泉"失之交臂，几乎殒命。他曾打算返回第四烽取水，"行十余里，自念：'我先发愿，若不至天竺，终不东归一步。今何故来？宁可就西而死，岂归东而生！'于是旋辔，专念'观音'，西北而进。"很幸运，玄奘西抵不知名水泉，绝处逢生。据李正宇先生考证，"大水"应为稍竿道上的碱泉驿（戍），清末以来名为"大水"。该地至今仍有大片湿地，北缘山头有汉朝烽火台，遗世独立。

经过玄奘曾经犹豫徘徊的荒滩野山，我们到达大头山下的一个开阔山谷。汽车只能到达谷口，进山需要步行大约5公里。大家取出西瓜、大饼、西红柿、黄瓜、鸡蛋等，野餐一顿，为自己壮行。吃饱喝足，踩着乱石头，朝大头山深处走去。古老幽静的山谷里，熙熙攘攘的人声显得渺茫、稀薄、飘忽。太阳不时地暴露出云层，火烧火燎般地照射，遍地生烟，酷热难耐。躬行半小时，没有任何收获。叶舒宪先生认为好玉石应该被洪水冲到河滩里，我们应该调整思路。于是，大部分人掉头，往山谷外面走去。

易华声称要找到一个铜片，以证明大头山也有马鬃山那样的古代遗址。他满怀希望，信心百倍，拿出不找到古铜誓不罢休的架势，继续往山里面去了。我担心他遇到狼，不断呼喊，通过声音保持联系。后来，他返回，我才出谷。大队人马散布到整个河滩里，悄无声息地寻找玉石，场面颇为壮观。有人已经捡到了较好的玉石。我仍然还没收获，只是发现几丛猪耳朵花，美丽异常。

大头山的猪耳朵花 |

每到一处略高的山冈，我都要伫立良久，向北边平坦辽阔的荒滩眺望。李宏伟对这里的地理环境非常熟悉，他给我指点马莲井和星星峡的位置。星星峡旧称碛口，系天山山系余脉星星山的一个峡谷，为甘新交界处的天然关口，清人诗曰："巨斧劈山肤，山灵骨筋粗，当车轮磔格，振策马踟蹰。"星星峡之得名，众说纷纭。据说，星星山有洁白晶莹的石英石，每当皓月当空，闪烁若满天星斗，于是，石得名星星石，山得名星星山，峡口也名为星星峡。南北朝时期，敦煌至高昌的商路衰败，东来西去的中外使节、胡商贩客、名士僧侣便取道伊吾路，也就是新北道。唐代冷泉驿就在星星峡。裴景福《河海昆仑录》记载："井泉在道左山下，井楣有木栏，深丈余。"今 312 国道公路修桥经此，泉在桥下，就是古代所谓的"冷泉"。此峡两侧石壁高耸，形势险要，清代曾设置星星峡军塘。清代著名学者洪亮吉被发配伊犁戍边，赦还，过星星峡，连续写了两首诗。一首为《十三夜三鼓抵星星峡驿》："天上星，白皑皑。地上星，黑累累。星星峡中十五夜，天星地星光激射。一层皆支一层罅，须臾天昏地忽明。地星却比天星青，北斗黯黯地初鸣。声三号，眠一眠。炎炎火，星星峡。"另一首为《月夜自马莲井至大泉》："入夜程偏好，微茫大小泉。鹊巢云外突，马影月中圆。达板惊斜下，征车偶倒县。林梢了房近，已有角声传。"

从诗中描述可见，洪亮吉当时选择晚上赶路，大概是为了躲避白昼的炎热天气。

不断有人说捡到了好玉，说温润，说柔光，说光滑，互相比对、鉴定、品评。后来大家干脆离开干涸的、生长着稀疏野草的河床，全部集中到东边小沙丘处翻检。果然有很多品相不错的玉石。沙丘几度隆起，到最高处，竟然与向北边大幅度铺张开的砾石滩连为一体，最远可见苍茫沉浮的星星峡和影影绰绰的马鬃山。西边的照壁山近在咫尺，东北边马莲井子大概的位置也能辨认出来。这时，凭高望远，才对莫贺延碛产生强烈的宏阔感和沧桑感，同时也对河西走廊西端河山地理有了切实感受。

史前时代，吐火罗人、月氏人、乌孙人大迁徙时是不是也经过这片广袤戈壁？而小麦、铜器、铁器、马车等代表着先进文化的符号，又是在怎样的情形中入河西？

交通道路其实就是一条流淌着生生不息文明之水的大河！

7月13日下午，从翻越乌鞘岭开始，我们就关注进出河西走廊的各条道路、各个山口，至此，算是基本梳理出了大概情形。敦煌和瓜州自古以来就是中原与西域互通的咽喉所在。除了前边提到过的莫贺延碛道和古居延道，在敦煌，还有阳关道、玉门关道、当金山道、稍竿道和子亭（紫亭）道。众所周知，阳关、玉门关同为西汉对西域交通的门户。2014年4月22日，我同敦煌西湖国家级自然保护区的孙志成兄考察玉门关道，沿着逶迤西去的古商道遗址，到达距离罗布泊100多公里的湾腰墩。那是敦煌与盐泽交界处的重要烽燧。阳关道、玉门关道是河西走廊最早的两条向西通道。后来又开辟出大海道。《魏略·西戎传》："从敦煌玉门关入西域，前有二道，今有三道……从玉门关西出，发都护井，回三陇沙北头，经居庐仓，从沙西井转西北，过龙堆，到故楼兰，转西到龟兹，到葱岭，为中道。从玉门关西北出，经横坑，壁三陇沙及沙堆，出五船北，到车师界戊己校尉所治高昌，转西与中道合龟兹，为新道。"这里提到的新道就是大海道。敦煌与高昌之间要通过遍布砾石、碎石和流沙的噶顺戈壁（也就是莫贺延碛）。噶顺戈壁是有低矮小山的准平原，呈风蚀剥蚀形态地貌，降水量极少，地下水非常缺乏，广袤，空旷，无垠，似茫茫大海，唐代称为"大沙海"，"大海道"因此得名。岑仲勉先生认为今鲁克沁东南70余里的"Deghar"（迪坎儿村）之"r"，是词语尾音，"Degha"就是唐代语音"大海"（即大沙海）简称。

稍竿道为唐武则天如意元年（692年）开始起用。该道从敦煌向北，经青墩峡、碱泉戍、稍竿戍抵伊州。

当金山道是指古时从敦煌穿越当金山直通青藏高原的道路。当金山位于祁连山与阿尔金山结合部位，沟谷大多呈"V"字形，层峦叠嶂，山势陡峻，昔时人迹罕至，飞鸟不驻。今敦煌通青海柴达木盆地的 215 国道经过这里。当年吐蕃到河西、往西域，经常走此道。8 世纪，吐蕃占领河西，这条路使用频率更高。当时，敦煌冻梨深受吐蕃贵族男女喜欢。每年冬天，大量冻梨经此道运往逻婆(拉萨)，这条绵长的道路曾被称为"香梨之路"。史料没有记载吐蕃人如何食用冻梨。甘肃民间至今有用炒面(炒熟小麦、青稞、莜麦、豆类等碾成的面粉)拌西瓜、冻梨食用的习惯，不清楚是否为吐蕃人所发明。考察团原计划要穿越当金山，然后沿德令哈一线东返。我曾建议来自于零海拔地区的安琪博士自备氧气袋，她说转了很多药店，没买上。

子亭 (紫亭)的名称始于十六国时李暠在今肃北县城东南 3 公里处党城湾筑子亭城。因城东南大山雨后夕照呈紫色，又称"紫亭"。子亭是敦煌通往南山和青海的重镇。李暠筑子亭就是防止吐蕃人入侵敦煌。唐宋归义军时期，紫亭是瓜、沙二州所辖六镇 (紫亭、悬泉、雍归、新城、石城、长乐)之一，归义军曹氏政权时期，曾改紫亭镇为紫亭县，设置县令，驻有镇将。因为地理位置重要，其名称在敦煌遗书及莫高窟、榆林窟题记里屡次出现。巴黎藏石室本沙州图经残卷记载着紫亭镇至山阙峰道的里数。党城因位于党河上游东岸，故称党城。党城遗址应该与子亭、子亭(紫亭)镇有关，主要任务是驻守祁连山孔道。8 世纪下叶，尚乞心儿率领大军围攻瓜州、敦煌时，吐蕃赞普曾驻帐于野马南山，观战，可惜没有详细记载具体地址。

……

丰厚的历史，壮阔的美景，丰沛的激情。大家沉浸其中，感受多多。不知不觉，每人都捡了一大堆玉石，很有成就感。大家挑挑拣拣，筛选，野餐。我们抱来大小石头，摆成"玉帛之路"字样，拍照留念。

回城后才知道，李宏伟妻子、女儿因为忘带钥匙，进不了门，在外面等了大半天。我们深感内疚。李宏伟风尘仆仆，将钥匙交给没有丝毫怨言、面带微笑的女儿，然后应李旭东邀请，陪同考察团成员参

考察团用石头摆成了"玉帛之路"字样 |

观规模宏大的张芝纪念馆，其主体建筑正对着张芝故乡布隆吉（汉属敦煌郡渊泉县）。

根据军政发送的信息，南路考察团成员由敦煌研究院院长樊锦诗亲自陪同、讲解，详细参观了很多洞窟，目前，正在赶往瓜州的路上。快7点时，他们到达宾馆。

考察团全体成员聚齐，大家相见甚欢。

十三、瓜州，东返前的座谈会

　　7 月 21 日上午，座谈会在瓜州博物馆举行。遗憾的是，张德芳先生由于工作太重，不能参加。著名敦煌学家李正宇先生也来电话，因为重感冒，嗓子疼，准备去医院，不能参加座谈会。他问候考察团成员，并祝考察圆满成功。瓜州县主管文化的副县长刘君德在酒泉得知考察团的消息，连夜赶回来，要参加座谈会，让我们感到意外。

　　因为李宏伟提供的兔葫芦遗址和大头山，考察团对路线做了大幅度调整，瓜州便成为西行最后一站。因此，座谈会既是西行的总结会，又是东行启动仪式，颇有意义。

　　会前，考察团巧遇刚刚抵达瓜州的兰州大学文化行者赴瓜州暑期社会实践团"佛愿——丝路佛像石窟供养计划"团队。他们一行九人，请求参加座谈会。我们愉快答应。

　　上午 9 时，座谈会正式开始。在既定议程中增加一个移交文物环节。我代表考察团，把从兔葫芦遗址捡到的石器、陶片、青花瓷等文物正式移交给瓜州博物馆。本来还有一片马骨，被易华丢弃到沙滩——他认定那是羊骨。那片骨头我见过。如果真是易华兄认为的羊骨头，那只羊生前应该与成年牛的身躯一般大小。

　　座谈会开得很扎实。因为考察团历次会议、座谈会的录音都要整理成文字正式发表，这里不再赘述。

　　下午，考察团正式东返，开往嘉峪关。汽车一路向东，大家谈诗、谈事、谈友，很快乐。

　　北边马鬃山，南边祁连山，始终相伴。叶舒宪先生遥望马鬃山，此次错过，十二分的不甘心，不断用我们戏称8000万像素的手机拍摄，效果更好，但他不上网，只能我来拍发。

　　汽车已经离开瓜州很远了，大家的话题还围绕大头山、兔葫芦、榆林窟盘旋。大家普遍觉得敦煌将瓜州遮蔽得太厉害了，瓜州的历史文化资源亟待开发。卢法政先生说，大头山玉石经过鉴定，如果确实接近和田玉，那将成为瓜州经济新的增长点。郑欣淼先生讲了许多他在国内外文化界的见闻，非常有趣。

　　我在想古代瓜州穿越祁连山与青海相通的水峡口通道及建于古代瓜州地区南部军事隘口和交通要道的石包城。石包城古称寒江关，地处榆林河上源山间石包城盆地内，修建在悬崖峭壁之上，东西长约16公里，南北宽10公里许，现为肃北县主要农牧区，地势险峻，攻守兼备。古城址依小山岗地势而建，就地取材，用片麻岩、石灰岩垒砌，甚为坚固，四角筑有方形角墩，四墙各筑马面一座。城门向南开设，门前约20米处向东筑有一道短墙，可与东南角墩相连。短墙前又有半圆形瓮城残迹。城周遗留护城壕，壕沿用石块加白刺砌成。如此复杂、重重设防的城门结构十分罕见，由此可见这座城池的重要性。石包城北有祁连山西段北麓支脉鹰嘴山与鄂博山之间的隘口——水峡口通道。向南约25公里有祁连主脉大雪山（海拔5483米）与野马山之间的龚岔口，进入岔口向南越龚岔达坂可直通青海高原。唐代，吐蕃多次入侵瓜州，就走此道。尚乞心儿攻克敦煌后，将大节度府设在瓜州，只在敦煌派驻节使施行管理，可以想象，吐蕃将水峡口通道看成可进可退的命脉。

一路天阴，我们比较愉快。抵达嘉峪关时，竟然下起雨来，感受到难得的清凉。

晚上邂逅年轻有为的嘉峪关市委宣传部常务副部长朱建军先生。前不久，西北师范大学校办主任梁兆光曾经说起，2014 年 5 月 30 日上午，朱建军代表省委党校第 44 期中青年干部培训班全体学员向师范大学捐赠明代《蒙古山水地图》（复制品）一幅，并给了我相关资料。没想到在这里偶遇，大家都很高兴，围绕这个话题展开。《蒙古山水地图》又叫《明代江山图》，绘制了从明朝嘉峪关到天方（今沙特阿拉伯麦加）的主要城池和山川地貌，并用汉语标注 211 个由突厥、蒙古、波斯、粟特、阿拉伯、希腊、亚美尼亚语等音译明代地域名，涉及欧、亚、非三大洲，包括中国、乌兹别克斯坦、塔吉克斯坦、阿富汗、黎巴嫩、突尼斯、土耳其等 10 多个国家和地区，堪称"明代丝绸之路地图"，可与《伽泰罗尼地图集》（1375 年）、《大明混一图》（1389 年）、《混一疆理历代国都之图》（1402 年）、《毛罗世界地图》（1495 年）组成的"世界四大地图"相媲美。

现存《蒙古山水地图》的山水画风格明显带有明代中叶吴门画派的印迹，除大量运用青绿山水传统勾勒法之外，还汇聚了用界画作建筑、用写意呈现远山等表现方式。据林梅村教授考证，原图长应为 40 米。现图只是原图的 3/4，另外的 1/4、有近 10 米长部分被割去，地理范围应从天方到鲁迷（当时奥斯曼帝国首都、今伊斯坦布尔城）。原图有两个明代刻本，明嘉靖二十一年（1542 年）刻本《西域土地人物图》（收入马理等人纂修的《陕西通志》）和明万历四十四年（1616 年）刻本《西域略图》（收入明代无名氏《陕西四镇图说》）。《蒙古山水地图》手卷为《西域土地人物图》等各种版本母本，应绘制于明嘉靖三年至十八年之间（1524～1539年）。近年，台北故宫发现此图的宫中彩绘抄本（且为明代兵部或礼部用图），因此，《蒙古山水地图》当属嘉靖皇帝御览图。此名源于背面有清末民初琉璃厂著名书店尚友堂题签"蒙古山水地图"。尚友堂为明清著名书坊，曾因刊刻明代小说家凌濛初的《初刻拍案惊奇》、《二刻拍案惊奇》闻名于世。新中国成立前，《蒙古山水地图》流出中国，被日本京都私家博物馆藤井有邻馆收藏。2002 年，国内收藏家易苏昊、樊则春偶然发现这件被命名为"清代青绿山水画手卷"的作品，即购回。后经文物鉴定专家傅熹年鉴定，这并不是山水画，而是古代地图。

现在，《蒙古山水地图》(复制品)已在西北师范大学博物馆展出。

这个插曲成为考察团东返首站的最大亮点，令人欣喜。

十四、过肃南，第一次长途奔波

7月22日早晨，按照新定计划，我们先去肃南参观博物馆，然后穿越祁连山腹地的康乐草原，前往民乐。几年前，我曾与刘炘、李仁奇从嘉峪关前往肃南县，选择祁连山脚下的便道，途中经过著名的文殊寺。李仁奇先生驾车，进山谷时，车前保险杠误伤一只燕子，他眼角湿润了，拿起还在颤抖的滴血燕子，仰望青天，难过地、自责似的喃喃说："我开得不快啊，怎么会撞上呢？"那情景我记忆犹新。我建议考察团也走这条便道，既可节省出时间多看看博物馆，又能在燕子殒命地默默祈福。但嘉峪关几位朋友竟然都不清楚此路走向。天空下着小雨，郑部长从安全着想，建议走高速路。

徐永盛临时有公务，就此离开考察团，返回武威。

在服务区，我们又碰见一对洗漱的青年男女，显然，他们是经营交通运输的年轻夫妻。我对着他们的背影拍了一张照片，思绪万千。据说，现在夫妻双双长年累月在外奔波的大车司机很多。他们以货车为家，风里来，雨里去，形成特殊群体，我敬称为"现代骆驼客"。对这些普通劳动者，我内心总是充满敬意和感动。由他们，自然而然联想到形形色色的古代行旅。

汽车朝着张掖方向高速前进，阴云笼罩中，祁连山及其北边的戈壁滩显得格外清冷。偶尔有火车驰过祁连山脚下的荒原。某个山头上的烽火台似乎从历史遗梦中猛然惊醒，机警地礼送我们和列车过后，又沉沉睡去。

古老的河西走廊，古意苍苍。2009～2012 年，我因写作长篇小说《野马，尘埃》，精神长时间在这里漫游，也经常与河西陇右节度使王君㚟、瓜州刺史张守圭、晋昌郡太守乐庭环等历史人物朝夕相处。727 年，唐与吐蕃战事不断。九月，吐蕃赞普亲征，兵扰瓜州、常乐，企图截断唐与西域的交通。闰九月，吐蕃军又拟与后突厥联合入侵。河西陇右节度使王君㚟欲伏兵肃州截击，行至甘州南巩笔驿，遭回纥瀚海司马护输余众袭击，杀王君㚟，河、陇震动。危急中，张守圭被任为瓜州刺史兼墨离军使，以古老兵法"空城计"智胜吐蕃军。乐庭环是一位德高望重的太守。他于 746 年前后出任晋昌太守兼墨离军使，利用敦煌莫高窟开凿多年尚未完工的大窟修建至今基本保存完好的第 130 窟，其中三幅壁画和供养人像与他有关。第一幅是东壁《涅槃经变文》下面的《练兵图》，骑兵跃马腾空回身挽弓射箭，旁边有着甲胄的兵士在观看。第二幅是北壁龛下晋昌太守乐庭环家男性供养人像。乐庭环在最前面，裹软脚蹼头，穿圆领蓝袍，腰间摺笏，脚穿皮靴，头上张盖，脚踏花毡，肃穆静立，其身侧榜题："朝议大夫使持节都督晋昌郡诸军事晋昌郡太守兼墨离军使赐紫金鱼袋上柱国乐庭环供养。"其后是三子及侍从画像。第三幅是乐庭环家女性供养人像。王氏夫人像在最前面，面相半圆，饰抛家大髻，髻上饰鲜花、宝钿，身着大袍碧衫，肩披降地，胸束石榴红裙，脚穿翘头履，足踏毡毯，头顶伞盖，身傍题记："都督夫人太原王氏一心供养。"其身后为二女，均着衫裙帔帛。另有奴婢 9 人。

第 130 窟中两幅盛唐供养人像原来被西夏壁画覆盖，后来被张大千发现，引起一些风波。他在 1944 年 5 月成都出版的《张大千临抚敦煌壁画展览目次》前言中说明发现经过。对前人功过，这里不做评价。以这些壁画提供的信息作为参照，联系到乐庭环特殊身份及当时吐蕃扩张的现实环境，可以想象到当年他对危机的预测和抗战决心。764 年，吐蕃派重兵围困凉州，节度使杨志烈因兵力不足，退守甘州，在西行募兵途中为沙陀谋杀。唐代宗李豫任命凉州长史杨休明为节度使，并把节度使治所由甘州移到沙州，又将晋昌太守兼墨离军使乐庭环调任甘州。其时，甘州已改称张掖郡，辖张掖与删丹两县，乐庭环任张掖太守。代宗如此调整，应该与乐庭环的政绩与口碑密切相关。781 年，吐蕃赞普亲自徙帐南山，发兵同时进攻甘州与沙州。沙州沦陷后，甘州虽有草原丝路与内地联系，但在吐蕃重围之下，孤城难支，很快陷落，乐庭环、尚将军、马云奇等要员、幕僚及游大德等名僧全部被俘。吐蕃将乐庭环、尚将军等软禁在灌水（今临泽县黎园河）上游，押解马云奇、游大德等到青海临蕃（今青海西宁多巴）。梨园河发源于河西走廊南山之野牛达坂，其上游有西岔河和摆浪河，当年软禁乐庭环、尚将军之地应该在西岔河或摆浪河的某个河谷地带。

汽车从张掖西下高速，折向南，驰过绿洲地带，刚进入美丽的丹霞地貌峡谷，就接到诗人、裕固族朋友兰冰的电话。他说在微信上得知我的行踪，以为要去张掖，想见面。我说要去肃南，并且打问隆畅河情况。他介绍很多，说西岔河和摆浪河在双岔汇合后才称为隆畅河，有水电站之类的。我推测，唐代未必有两条支流的名字，或许统称为"灌水"，大概因为这条峡谷过于逼仄、狭窄，水流湍急，给人以猛烈灌水的感觉吧。

明显感觉到地势抬升。我们朝着祁连山腹地前进。天空阴沉，乱云飞渡，山环水复，谷风习习。吐蕃人当年将乐庭环、尚将军等高级将领软禁在这种峡谷中，插翅难逃。同时我在猜想，从这里一直往南，是否有通道到青海？敦煌文书（P.2625）敦煌名族志中提及，敦煌大户阴仁果次子阴元祥曾任昭武校尉、甘州三水镇将。有学者考证，三水镇应为吐蕃出入河西的又一要隘。其位置在何处？不详。隆畅河流到白泉门与白泉河汇合，至红湾寺，汇东、西柳沟河，再经鹅鸽嘴水库、梨园堡后，始称梨园河，之后，出祁连山区进入河西走廊，称大沙河，再北经临泽城东最终北流注入黑河。唐代灌水、现代隆畅河、梨园河在穿行祁连山、河西走廊过程中接纳了多条支流，是不是因为这个缘故当时才称为"三水"并设置戍堡？

甘州东有大斗拔谷道，西有建康军道，经三水镇的道路应居两道之间。今青海祁连县边麻河经、巴子敦滩、野牦牛沟、肃南裕固族自治县治通张掖市的公路大致沿梨园河谷而行，位居于两古道之间，或为吐蕃等民族与河西往来的道路。

兰冰不断来电话询问，我告知他路边标志，也希望他来肃南县城，给考察团成员唱歌，让大家感受感受草原民族的豪放与热忱。但他正在忙皇城草原旅游开发项目，忙得不可开交。

青山隐隐，松柏葳蕤，不知转了多少弯，爬了多少坡，看了多少兀鹫盘旋，我们终于到达祁连山谷中肃南县城所在地——红湾寺。肃南裕固族自治县成立于1954年，是中国唯一、甘肃独有的裕固族自治县，但境内生活着裕固、藏、蒙古、回及少量满、东乡、保安等11个民族。这是一座颇具裕固族风情的城镇，建筑大多具有民族风格，街道宽敞，行人稀少，似乎到这里生活节奏一下子变得舒缓、从容，城市里常见的喧嚣也被蓝天、白云、青山、绿水以及人们真挚的微笑过滤得干干净净。

肃南县民族博物馆整体建筑外观被设计成裕固族红缨帽，生动地置

| 肃南县民族博物馆

放在平缓的山谷间，与周边地理非常和谐。目前博物馆正在装修、重新布展，负责人破例为我们开放。进入展厅，在"中国裕固族"标志牌下面，有一件巨大祁连玉雕刻成的马鞍。瞬间，我被感动。这个游牧民族以这种方式来表达对渐行渐远文化的留恋。博物馆是裕固族的精神家园，除了史前石器、陶罐和佛教文物，大批是与本民族文化相关的文物、服饰、生活用具等。据介绍，该馆保护了部分裕固族非物质文化遗产，藏有文物 2800 余件，其中少数民族文物 1425 件。

关于裕固族的来源，至今尚未完全有定论。有一种说法是，匈奴人将盘踞在张掖、敦煌一带的月氏人击败，导致其部落分裂：一部分西迁至中亚，称"大月氏"；一部分进入祁连山，称"小月氏"。裕固族就是"小月氏"后代。也有学者研究认为裕固族是从西边迁徙而来，到这里后就丧失了文字，只保留着本民族语言。有位裕固族朋友讲起与这种现象有关的传说：古代裕固族人迁徙时，把文字装在皮袋里，由于战争，皮袋丢失，所以只有语言没有文字。此前，我搜集到过另外一则传说：

当年，裕固族祖先一边迁移，一边应对追杀之敌。知识分子行动缓慢，又不善打仗，影响到部落生存，他们决定将"手无缚鸡之力"的知识分子杀掉。部落得以生存，但文字永远散失。两种传说都印证了一个铁的自然法则：优胜劣汰。当残酷战争来临时，当民族面临生死攸关的问题时，人们不得不回归到野蛮与蒙昧；当风烟散尽，人们伫立在过去与未来不断交接的链条上，又充满了别样孤独与迷茫。

由于馆内弥漫着浓烈甲醛味，大家最终忍受不住，逃离。叶舒宪先生同博物馆工作人交流，得知在县城向南 30 公里处有玉石沟，是古代的玉矿。但路况极差，只有越野车才能勉强到达附近。我们这次只能放弃考察那里了。

郑部长、卢书记等人邀请两位身着民族服装的裕固族少女以博物馆为背景，合影。少女们热情爽朗，淳朴自然，能说简单的汉语。她们始终带着微笑。

下午，考察团要穿越康乐草原，前往民乐。如此安排，既避免走回头路，又能感受到祁连山腹地的风采。出县城时，司机记错了路，竟然驰入向左边山丘的一条便道。我觉得似曾相识，忽然想起几年前与刘炘、李仁奇先生从嘉峪关经文殊寺到肃南，就是从这条道路进城的。我急忙让司机掉头，返回到主干道，走八九公里，向右拐上有树林陪衬的山坡，便进入通往康乐草原的道路。

几年前，我曾与刘炘、李仁奇先生经过康乐草原，算是对祁连山腹地象征性的穿越。此次考察团成员大多是首次进入河西走廊，对成列横亘在南北两边的祁连山和龙首山、合黎山和马鬃山不大了解。尤其是穿越河西走廊，南望祁连山，以为只是单独一列山系。其实，祁连山包括走廊南山—冷龙岭—乌鞘岭、大通山—达坂山、青海南山—拉脊山三列平行山系，西端在当金山口与阿尔金山脉相接，东端至黄河谷地与秦岭、六盘山相连，长 800 公里，南北宽 200～400 公里，包括 8 个岭谷带：走廊南山—冷龙岭与黑河上游谷地—大通河谷地；托来山与托来河上游谷地；野马山—托来南山与野马河谷地—疏勒河上游谷地；野马南山—疏勒南山(疏勒山)—大通山—达坂山与党河上游谷地—哈拉湖—青海湖—湟水谷地；党河南山(乌兰达坂)—哈尔科山与大哈尔腾河谷地—阿让郭勒河谷地；察汗鄂博图岭(黑特尔山)与小哈尔腾河谷地；土尔根达坂山—喀克吐蒙克山与鱼卡河上游谷地；柴达木山—宗务隆山—青海南山(库库诺尔岭)—拉脊山与茶卡、共和盆地—黄河谷地。要了解祁连山的真实内涵，并非易事。穿越康乐草原，也只是象征性地、浅显地接触。

汽车在荫翳蔽日的山道上行进。峡谷幽深，森林茂密，加之天阴，身在山中，难辨方位，只感觉到不断在攀升，爬上一座山，接着爬上另外一座山，连绵不断。偶尔，某条欢畅的小河流突然闪出，还没查清名称就又分道扬镳。后来，翻过一道高巍山梁，大地终于显现出清晰层次。我们到达山花烂漫、百鸟鸣啼的康乐草原。山风强劲，清新凉爽，天空放晴，满目青翠，视线收放自如。大家欢快地走到圣山观景台处向南张望，林壑崎岖，林海滔滔，草木茂盛，碧绿如毯，不知名的鸟儿诗意地、自在地鸣叫。向北望，辽阔的、山花缀饰的草滩透迤，直到被一列壁立天际的山脉拦截。几处帐篷和几处羊群悠然散布。遥望袅袅炊烟，可以打破时空，将他们想

｜康乐大草原

象成羌人、匈奴人、月氏人、藏人、蒙古人、裕固族人……

几乎每个人内心深处都有对游牧生活的向往，因为那是最接近人
性、最接近自然的存在方式。

我的裕固族朋友兰冰

曾是一匹桀骜不驯的公野马

现在，他还没有变老

但头发和胡子白得越来越多

一场酒，一阵歌

使我烧心般地怀想肃南

那个在祁连腹地恬静生活的民族

祁连腹地的草原、山沟、河谷

曾榷过小月氏、羌人或游脚僧

现在，只能看到裕固族人的身影

尽管像在历史中那般模糊

兰冰那对鹰眼从微信中发现了我的行踪

电话不断，又想喝酒了吗

兰冰歌声，能告诉有关裕固族的很多很多

我希望他像小公马撒欢那样唱歌

唱给我们，唱给所有谜团、所有疑问

以及这个喧哗与躁动的时代

在祁连腹地

我想起了兰冰的歌

和裕固族萨尔组合

是哥哥萨尔和三个妹妹阿尔、玛尔、娜尔

卢书记、安琪再三感叹说没想到甘肃的地貌如此丰富，印象完全改变了。郑部长也赞叹不绝，拿出照相机创作摄影作品。易华忙不迭地用手机拍照，发微信。叶舒宪的主要目标是玉石，显然，这片幽雅清静的草原上不可能孕育玉石，但他还是从路边捡起石子揣摩。

风头很硬，很凉。进入河西走廊以来，考察团成员大多时候都承受炎热之苦。今天在祁连山里则接受了痛快淋漓的清爽洗礼，心旷神怡。有些人不适应微微寒意，穿上外套，仔细赏景。康乐草原已经被开辟为旅游区，每年都要举行裕固族传统文化旅游艺术节，举办赛马、摔跤、射箭、顶杠子、文艺会演、草原越野赛、集体拔河、拔棍、祭鄂博等丰富多彩的民族体育和文艺表演活动。

考察团经过康乐草原，是 7 月 22 日下午。我们能带走的，也只是这个短暂时段的繁花、芳馨、秀丽和凉爽。其他季节，这里呈现的美景也只能让牧人和白云流连忘返了。

考察团到达康隆乡政府所在地，天近黄昏；到达张掖城郊，天已黑透。找到通往民乐的路口，已经是晚上 8 点多。叶舒宪先生提议到路边清真餐厅吃碗面再赶路。郑部长、卢书记等人积极响应。我们选择马路边一家清真餐厅，将两张方桌拼齐，要几个菜，每人吃碗炒面片。

夜色四合，很密实。我知道西灰山、东灰山就在道路的两边，它们沉沉入睡。

到民乐县城，已经是 10 点多。这是我们考察以来的首次长途奔波，我担心郑部长、卢书记受不了，但他们精神很饱满，路上谈兴甚浓。

这一天，安琪因为要返回学校办理重要手续，决定次日从青海返回。

十五、穿越扁都口、祁连大坂，第二次长途奔波

中唐时，吐蕃占领陇右、河西，大批汉人被俘，其中包括很多中下级文官，他们自称为"破落官"，著文写诗，反映他们在特殊历史环境中的特殊感受。这些诗大部分散佚，少量因为某种机缘得以保存下来。例如 P.2555 号敦煌写卷，有唐人佚诗 72 首，王重民曾经整理，辞世后，其夫人刘脩业交由弟子白化文等人整理，并以舒学之名发表。因这些诗为吐蕃俘虏的敦煌汉人所作，便称为"陷蕃诗"。后来，陆续有学者进行研究。这些诗歌中，有不少抒发被羁押过程中的感受，留下很多关于马圈湾、墨离海、扁都口（当时叫大斗拔谷）、青海湖等祁连山南北地理环境的描述，史料价值远远高于文学价值。

最初，学者推测陷蕃诗作者是马云奇。马云奇出生关中，曾远游岭南，与狂草家怀素为友。大约 771 年前后，他不远万里，通过北边草原丝绸之路西行到被围困中的甘州，入乐庭环幕僚，谋划抵抗吐蕃。当时，甘州以东地区已经陷落，河西形势非常危急，马云奇孤胆深入前途未卜之战乱地，确有英雄主义色彩。但当时周边环境实在太恶劣，尽管乐庭环苦心孤诣领导士众抗击，也无力回天，张掖最终陷落，大小官员遭俘。马云奇也沦为囚徒，先被押解到青海湖北，后转至湟水河畔临蕃

城（西宁西多巴）。陷蕃诗中，唯有《怀素师草书歌》作者署名为马云奇，大多学者因此认为他也是其他陷蕃诗的作者。后来，潘重规先生先后发表《敦煌唐人陷蕃诗集残卷研究》、《敦煌唐人陷蕃诗集残卷作者的新探测》及《续论敦煌唐人陷蕃诗集残卷作者的新探测》等文章，重加校定。柴剑虹先生也著文考证。因 P.2555 所录《胡笳十八拍》之增拍小序有"落蕃人毛押牙遂加一拍，因为十九拍"之类文字，他们认为 70 多首陷蕃诗的真正作者应该是曾经担任过管理仪仗侍卫一类职务的敦煌地方小官吏毛押牙，参加过唐蕃战争，后被俘。其生卒行迹不详。后来又有学者研究认为写于青海湖畔的《白云歌》及另外 12 首陷蕃诗的作者是唐蕃战争中作为使者被拘的佚名僧人。

我在长篇小说《野马，尘埃》中将马云奇、毛押牙等人艺术化处理，赋予更多、更丰满、更深刻的文化内涵。我敬仰他们。

学术界可能永远不会对陷蕃诗的作者有定论，但这不重要。重要的是诗歌本身的文学、文献价值和人类价值。从某种意义上，可谓之陇右、河西陷蕃时期的"史诗"。从交通路网角度来研究，也是非常珍贵的资料。例如，关于乐庭环，关于古代交通路线，关于因考察路线调整我们得以旬日内两次拜谒的扁都口。扁都口是沟通祁连山南北的最主要通道之一，与很多大事件密切相关，历史文献多有提及。难得的是，陷蕃诗生动地描述了唐人穿越时的环境及感受。诗人进入大斗拔谷时，写有《至淡河同前之作》：

念尔兼辞国，缄愁欲渡河。

到来河更阔，应为涕流多。

《冬出敦煌郡入退浑国朝发马圈之作》则写了离开敦煌，踏上羁押路的情景：

　　西行过马圈，北望近阳关。
　　回首见城郭，黯然林树间。
　　野烟暝村墅，初日惨寒山。
　　步步缄愁色，迢迢惟梦还。

还有一首《至墨离海奉怀敦煌知己》：

　　朝行傍海涯，暮宿幕为家。
　　千山空皓雪，万里尽黄沙。
　　戎俗途将近，知音道已赊。
　　回瞻云岭外，挥涕独咨嗟。

　　有学者考证认为，这首诗及其他 58 首佚名诗的作者应是冬季翻越当金山口进入墨离海（苏干湖）地区。从当金山口，向东穿越柴达木盆地，经青海湖到西宁，正是考察团最初的设计路线。陷蕃诗中的《白云歌》长 66 行，描绘青海湖壮丽景色。而《九日同诸公殊俗之作》则表达出落蕃人在羁押地的痛苦感受：

　　一人歌唱数人啼，拭泪相看意转迷。
　　不见书传青海北，只知魂断陇山西。
　　登高乍似云霄近，寓目仍惊草树低。
　　菊酒何须频劝酌，自然心醉已如泥。

还有人不忘旧主，写给乐庭环的怀念诗《赠乐使君》：

知君桃李遍成蹊，故托乔林此处栖。

虽然灌木凌云秀，会有寒鸦夜夜啼。

由此诗推知，诗人曾为乐庭环属从，且对其评价甚高。或许，当年吐蕃人还允许他们往来通信。考察团 22 日经过的肃南隆畅河，唐时称为灌水，乐庭环被俘后就被软禁在其上游，诗中的"灌木"是不是"灌水"之误？

钩沉这些历史事件和诗歌，会产生无限悲凉之感，但在穿越扁都口时，看不到任何历史的创伤与遗址。不管战争还是商贸，古老大通道上最终沉淀下来的都是宽容、慈悲、思想。考察团成员无"黍离之悲"，大家边走、边看、边说，还沉浸在瓜州的巨大收获与康乐草原的丰美中，而扁都通道两边的青山和草甸令人无限欣悦。后来开始呈现大片大片的草原和超然隐士般的牦牛群。考察团轻松愉快到达海拔 3767 米的

｜ 易华对着远处的羊群拍照

景阳岭垭口。风大且冷，不能久待。

易华对着远处山坡上的羊群拍照。羊群摆出某种图案，似乎要传递信息，谁也破解不了。

下行路线与大通河上游若即若离，自然流畅。我们进入一带辽阔宏大的大通河谷地。绿色草滩之北，傲然挺立的祁连山袒露出梦幻般崇高雪峰，在大写意般长云衬托中更显高洁，令人怦然心动。叶舒宪先生倚窗而立，用手机抓拍。南边山下，不时出现悠然闲村，自在陶然。古代，多少人在这条有山有水有人烟的大道上运兵打仗，商运贸易，又有多少运玉队伍浩浩荡荡从这里通过！

如今古道依然繁忙。门源县依靠独特的地理优势，发展油菜花观光旅游活动，很成功。这个季节，油菜花正在美丽绽放，连片成堆，烘托气氛。

盛放的连片油菜花 |

我们选择好餐馆，考察团成员全部挤到一个包厢内。安琪将要乘坐晚上航班返回。易华知不可为而为之，锲而不舍地做劝止工作，希望她参加在定西举行的总结会。此前，刘学堂教授原打算 25 日从西宁返回新疆，将与来自上海的同行调研。易华游说，刘教授竟然改变主意，让上海的朋友到达乌鲁木齐后先期开展工作。有这个成功案例，易华信心百倍，一路都在劝说。但安琪意志坚定。无论结果如何，大家都把门源午餐当作送别小宴会，一边吃饭，一边以水代酒，为安琪祝福。尤其是刘学堂教授现场脱口而出的送别诗，文辞优美，情真意切，简直像电影、电视中的真诚表白。

考古学家能即兴吟诵出如此美丽的诗文，大家甚为佩服。

我宣布孙海芳考察结束后将要到西藏大学工作的消息，又是新一轮的祝福。

我又告诉大家郑部长的临时决定：因为要考察青海瞿昙寺，郑部长要离开考察团几天，25日下午从西宁直接赶到定西，参加26日下午的总结会。

于是，大家又祝福郑部长。

三轮实实在在的祝福之后，我们告别门源油菜花，继续赶路。穿山越岭，翻越美丽的祁连大坂，到达西宁。找到青海省文物考古研究所，已经是下午。安琪来不及参观，赶往机场。其他人在工作人员的带领下开始参观。

考察团参观青海省文物考古研究所

郑部长在青海省担任副省长时主管过文化，几位工作人员认出他，大感意外，激动得跳将起来："这不是我们的郑省长吗？您回来啦？怎么不早说啊！"

场面让人感动。

刘学堂教授也曾在青海省文物考古研究所工作，有不少旧时相识。他说，除了人事，工作场地、陈列馆、家属区等一切都没改变。我们原计划考察湟中卡约文化遗址和民和喇家遗址，为了临夏、定西的考察进行得扎实，考察团决定只在青海省文物考古研究所陈列馆参观，然后奔赴甘肃永靖县。时间紧张，大家来不及叙旧、感怀，直奔主题，进入参观环节。

青海自古以来与甘肃唇齿相依，627 年，唐朝建立十道，其中陇右道辖境"东接秦州，西逾流沙，南连蜀及吐蕃，北界朔漠"，涵盖陇山、六盘山以西，青海湖以东及新疆东部地区。可见当时王庭是将甘、青视为一体。很多历史、文化事件也将两省紧紧连接。但更能体现这种密切关系的，是唐蕃古道和羌中道。

唐蕃古道也叫馒头岭（古）驿道、南丝绸之路，早在汉朝就基本形成，被称为中国古代三大通道之一，全长约 3000 公里，是唐代以来中原内地去往青海、西藏乃至尼泊尔、印度等国的必经之路。这条六道横贯中国西部，跨越举世闻名的世界屋脊，大致走向为：从长安沿渭水北岸西行，越陇山，经甘肃天水，溯渭水西上，越鸟鼠山到临洮，又西北行，在临夏炳灵寺或大河家渡黄河，进入青海民和官亭，再经龙支城（青海民和柴沟北古城）、鄯州（青海乐都）、西宁、湟源，登日月山，涉倒淌河，到恰卜恰（公主佛堂），然后经切吉草原、大河坝、温泉、花石峡、黄河沿，绕扎陵湖、鄂陵湖，翻巴颜喀拉山，过玉树清水河，西渡通天河，到结古巴塘，溯子曲河上至杂多，沿入藏大道，过当曲，越唐古拉山口，至西藏聂荣、那曲，最后到达拉萨。

秦陇南道（因西段途经古河州地区，又称河州古道）与唐蕃古道在甘、青段多有重合。

羌中道因地属羌人，故名。屈原《离骚》中有一句："曰黄昏以为期兮，羌中道而改路！"如果指同一条路，这条道路的历史就更为久远。它分为东西向羌中道和南北向羌中道。

东西向羌中道横贯湟水流域、青海湖、柴达木盆地等青海地区，其以鲜水海（今青海湖）为中心，东到陇西（治今甘肃临洮南），称河湟道；

西至鄯善(治今新疆若羌)，称婼羌道。公元前139年，张骞出使西域返回，改行丝绸之路南道，依傍南山，经于阗（今新疆和田）、且末、鄯善，过阿尔金山进入柴达木盆地，曾计划从羌中道返回长安。后来，河西走廊畅通，羌中道便成为其辅道；而当河西道受阻，则再次发挥重要作用。公元前61年，赵充国经营西羌由此道往来。北魏僧人惠生和宋云等即由此道入西域再转赴天竺。南朝僧人昙无竭也取此道西行。559年，犍陀罗人嫩那崛多一行由此道东来。

南北向羌中道以秦汉时羌人活动中心地古洮州（甘肃临潭）为轴心，南北贯穿青海全境。北段以牛头城起，出甘布它暗门，越腊利大山，经完科洛至夏河美武、卡加、土门关至枹罕，与河州古道相接；南段从牛头城沿拉扎河口至阳坝城，顺洮水南岸东至达子多进卡车沟，越光盖山至叠州、沓中，分路沿白龙江南至四川若尔盖、松潘，东至阶州、阴平。这是甘肃、青海境内形成较早的一条古道，秦汉时起人类活动开始频繁，特别是魏晋南北朝时期，中原战火不断，河西走廊被阻断，此道更加繁荣。这条古道既是吐谷浑的官道，也是历代青海河南及吐蕃等西域属邦与中原往来的通道，直到明正德后，由于朝廷下令禁止通过而逐渐衰落。

公元5世纪上半叶，吐谷浑人在清水川(今同仁县隆务河口)东黄河上建河厉桥，羌中道改称吐谷浑道。

唐蕃古道和东西向羌中道的历史甚至可以上溯到6000年前的新石器时代。那时，古人就开辟出了前往新疆运玉的玉石之路。参观青海省文物考古研究所陈列馆，所见文物也始于石器时代，一直绵延到近代。

参观完陈列馆，考察团继续赶路，驰往甘肃永靖。汽车在湟水谷地中穿行。这是联系甘肃和青海的著名文化走廊。综观丝绸之路全段，有两大"路结"：其一，是昆仑山脉、喀喇昆仑山脉、天山山脉、喜马拉雅山脉、兴都库什山脉等山汇聚的帕米尔高原，塔里木河、伊犁河、印度河、恒河、锡尔河、阿姆河等大河发源于此，沿山麓地带或山间河谷行进的交通路线也于附近汇集；其二，是祁连山脉、西秦岭、小积石山、达坂山、拉脊山等在甘肃、青海交界地带汇聚，大夏河、洮河、湟水、大通河、庄浪河等黄河上游几条大支流在这一带汇聚，秦陇南道、羌中道（吐谷浑道）、唐蕃古道、大斗拔谷道、洪池岭道都在此相聚。考察团穿越扁都口以来，就不时地与大斗拔谷道、羌中道、唐蕃古道重合。进入甘肃后还将考察秦陇南道与河州古道。

时近黄昏，两边荒山峻岭在灿然夕阳照射下，加之湟水浩浩荡荡的流淌伴奏，分外壮烈，使人想起唐朝在这一带活动的著名将领。例如高仙芝。高仙芝是高句丽人，早年随同父亲高舍鸡生活在湟水谷地的军营中，后来随父至安西，先后在安西四镇节度使田仁琬、盖嘉运、夫蒙灵察手下任职，官至安西副都护、四镇都知兵马使、安西四镇节度使，成为一位才华横溢的军事统帅，曾率大军两次翻越帕米尔高原，以高超的山地行军艺术闻名于世。英国考古学家斯坦因勘察高仙芝行军路线后感叹："数目不少的军队，行经帕米尔和兴都库什，在历史上以此为第一次，高山插天，又缺乏给养，不知道当时如何维持军队的供应？即令现代的参谋本部，亦将束手无策……中国这一位勇敢的将军，行军所经，惊险困难，比起欧洲名将，从汉尼拔到拿破仑，到苏沃洛夫，他们之越阿尔卑斯山，真不知超过若干倍。"遗憾的是，这位杰出将领在"安史之乱"中被冤杀。如果唐玄宗听从高仙芝建议而不被奸佞谗言迷惑，那么，中唐以后的历史或许就要改写了。

另一位将领是哥舒翰。哥舒翰是西突厥哥舒部落人，出生在安西大都护府所在地龟兹（今新疆库车）。其父哥舒道元曾任安西都护府副都护、赤水军（今甘肃武威县）使。哥舒翰40岁那年，父亲去世，他客居长安，为长安尉轻视，慨然仗剑到河西节度使王倕帐下从军。742 年，唐军攻取新城(青海门源)，王倕交给哥舒翰经营。746 年，大唐名将王忠嗣兼任河西节度使，提升哥舒翰为衙将。747 年，又提拔为大斗军副使。后来朝廷任为陇西节度副使、都知关西兵马使、河源军(青海西宁)使、陇右节度支度营田副大使、陇右节度使。哥舒翰被委以重任后，在青海湖修建神威城、应龙城，互为犄角。749 年，哥舒翰率攻下据守河湟战略要地的石堡城。大唐以此为契机，步步紧逼，收复九曲部落，在河西、陇右战场占据绝对优势，"是时中国盛强，自安远门西尽唐境凡万二千里，闾阎相望，桑麻翳野，天下称富庶者无如陇右"。可惜，哥舒翰后来在"安史之乱"中为叛军所俘，被安庆绪杀害。唐廷念其旧功，追赠太尉，谥号武愍。唐代陇右黎民百姓赞颂他："北斗七星高，哥舒夜带刀。至今窥牧马，不敢过临洮。"清人吴镇写《题哥舒翰纪功碑》："李唐重防秋，哥舒节陇右。浩气扶西倾，英名壮北斗。带刀夜夜行，牧马潜遁走。至今西陲人，歌咏遍童叟……"也表达了对这位悲剧将军的怀念。

我在长篇小说《野马，尘埃》中，对高仙芝、哥舒翰等人寄予极大的崇敬，同时对那些默默无名的士卒也给予同情、关注和表现。

史载，哥舒翰每次入朝都骑着白骆驼，能日行 500 里，应该说速度很快。或许，他某次入朝时与考察团行进路线一致，古道同样苍凉，残阳同样壮烈，行色同样匆忙。我们与即将沉落山坳的夕阳竞赛，但路很绵长，似乎总也走不完。连日奔波，考察团成员都流露出疲惫的状态。叶舒宪睡一阵，醒来后就翻看手机上拍摄的文物图片。易华不停地发微信。刘学堂大多时间陷入沉思。卢书记精神高昂，不断与大家交流各种话题以驱除疲劳。

汽车到民和，标志着湟水谷地行程基本结束，两边山排闼而去，变得越来越宽。民和让我们想起喇家遗址。这次只能挥挥手，忽略了！民和以东，即甘肃、青海结合部。公元前81年，西汉昭帝设置金城郡，治允吾县（今永靖县盐锅峡镇），领允吾、金城（兰州西固）、榆中（今甘草店）、令居（今永登县西北）、允街（兰州市红古区花庄）、枝阳（兰州红古区岔路村）、枹罕（今临夏县双城镇）、浩门（永登县连城）、白石（夏河县境小麻当）九县。古鄯镇地境在西汉时属于金城郡统辖，新莽时作为西海郡治，名为龙支、龙夷，东汉和帝时在此筑龙耆城。526年，北魏在西都县（隋朝改名湟水县，今青海乐都）设置鄯州，这个名称一直使用到宋朝。1386年，明朝在青海民和县古鄯镇设西宁卫古鄯驿，嘉靖时设操守官，后设守备，清初设游击，乾隆时改为守备。

历史像周围的山脉、沟壑和田野，隐藏着千种神秘、万种故事，我们匆匆而过，没有机缘去搞清其中的褶皱与肌理。回想考察团走过的路和遥想的路，感慨万千。帕米尔高原、昆仑山、阿尔金山、祁连山从西向东一直伸展到秦岭，成为华夏大地的主要脊梁，这道伟大山系之南、之北，是养育华夏民族大地的血肉。正是这道脊梁孕育出了中国极品美玉，并且在很早时候就形成核心价值观。此后，随着历史演进，不管战争多么惨烈，政变多么频繁，这种价值观不但没有衰退，反而越来越加强。与此相符，最早的玉石之路也被开辟出来，与后来的丝绸之路三条主干道走向基本一致，为祁连山北的羌中道、河西走廊道及漠北的草原丝绸之路。而这些道路不但彼此交通，还衍生出很多路网，源源不断地输送物质与文化。从最早的史前运玉，到现代客运、货运，这条古道的历史不正是人类文明演进的历史？

夜色袭来，天全黑了。但我们的内心非常明亮。在黑沉沉的夜里、车里，大家忍耐饥饿和困乏，津津有味地谈论文化和社会，使车内的空间无限扩大。这种在大山大河间移动的自由讨论会，成为考察团最美丽的风景之一。

到河口下高速，转往永靖。依然是密实的、黑沉沉的山路。安琪发来短信说飞机已经抵达上海。我们还在繁星如缀的山野里赶夜路。

抵达宾馆时，接近晚上 11 点钟。

这是我们此次考察以来行程最多、最累的一天，持续活动时间达 14 个小时。

注：喇家遗址是齐家文化的重要遗址，此次不能前往考察，特收录以前的一篇考察文章。

十六、喇家遗址：令人震撼的"东方庞贝"

2013年7月2日下午，内蒙古作家协会副主席、阿拉善左旗文联主席张继炼等到兰州。我正要应邀往"四海宫"赴会，中国社会科学院考古研究所研究员叶茂林先生打来电话，说他正在青海民和喇家遗址进行田野作业，问我有没有兴趣去看看。我略一思忖，说明天就去。叶先生连声说欢迎欢迎。他担心有变化，再三说出发前给他发短信。

在"四海宫"与朋友见面后，聊几句，我就把话题转向齐家文化的著名代表——喇家遗址。张继炼则说了他和邢云等驾车"狂奔"1000里到德令哈的经历和感受。徐兆寿近年耳朵不济，无法打电话，低着头在手机上书写，发送。叶先生来短信，问我们一行几人。我灵机一动，对张继炼说："明天一起去看被称为'东方庞贝'的喇家遗址，怎么样？"

张继炼原打算明天要返回阿拉善。但他难敌诱惑，转头征询邢云："你决定吧。"

邢云果断说："那就走吧！"

这就是内蒙古人的性格，不到三分钟就决定了一件事。

我又约了一位正在写玉石之路方面文章的作者，然后，边给叶先生回短信，边笑着对张继炼说："君子无戏言啊。"

第二天早晨8点半，大家在科教城西区南门口会合，出发。我给叶先生发短信告知。叶先生回复一条"长篇"短信："你们沿京藏高速路到了海石湾往前不远有民和出口，到县城往南一直到官亭镇，约90公里省道山路，官亭镇街上有大的指示牌，有宽水泥路再到喇家村约2公里就是喇家遗址了。从兰州过来大概三个小时左右。走山路慢一点，多小心。"

简直是一份详尽的旅游出行资讯。喇家遗址将来对外开放了，游客可据此前往。

天气阴沉，凉风习习，很爽快。张继炼说天气预报说有大到暴雨，叶先生也几次来短信说到大暴雨。喇家遗址是我国迄今为止发现的唯一一处因地震和黄河洪水毁灭的大型灾难遗址，真实记录了很多灾难来临时的情景。叶先生是这座遗址重要发掘专家之一，是考古队的领队，亲

前往喇家遗址途中的美丽风景

历更多。因此对大暴雨更为敏感，所以，不断提醒。

我们一边欣赏路边变化的风景，一边海阔天空地聊。张继炼昨天才从青海游历过来，又要走一段回头路，但没有丝毫疲惫。他真像一匹充满激情的公山羊。喇家遗址我们都从未去过，没现场感受，便聊文学。张继炼早年学医，因为热爱文学，走上创作道路，现在任职阿拉善文联，笔耕不辍。他说内蒙古的经济和文化，说蒙古长调，说巴丹吉林沙漠中的额日布盖峡谷、海子、海森楚鲁怪石林等种种奇观及穿越经历，说曼德拉岩画——据说有8000多幅。创作数量如此巨多的艺术作品，需要优裕的生存环境、浪漫的天性和闲适的心情，由此可见这里的古代游牧民族无自然灾害，无部落冲突，生活得比较安逸。

汽车从民和下高速，出离县城，就穿山越岭，开始了风景秀丽的山间道路。幽静农村，层层梯田，灿然油菜花，翠绿山沟，犹如美丽油画，一幅一幅陆续展开，令人兴奋，激动。遇到实在美得不忍错过的风景，我们就停下来，拍拍照，贪婪享受片刻。这条路，叶老师不知道走了多少次，欣赏过多少四季的精彩风景，肯定也激动过，兴奋过，却在短信中只字不提，真有考古学家的严谨作风。从风景说到为文，我们感叹：还是自然最美，美得无拘无束，美得洒脱超逸，美得忘乎所以。

在高原美丽风景的簇拥中，车子被烘托到一片以远山作屏障的开阔台地上，眼前顿然空旷，到达湟水与黄河之间的山区谷地古风习习的古鄯镇。我们在古色古香的"古鄯驿"门楼处停留，寻访历史踪迹。"驿"，必与交通道路相联系。古鄯地处唐蕃交通要道，自古以来地理位置就非常重要。古镇虽小，历史却延伸得很远。我们探讨其现名来源。或许，与古代鄯州有关？青海是唐朝与吐蕃进行拉锯式"交流"的重要场所，曾设有鄯州都督府、陇右节度使，建军驻屯，黑齿常之、娄师德、郭知运、哥舒翰等名将在此经略。如果在这一路经过的花庄、七里寺、古鄯、马营、官亭等地访问，肯定能搜集到有关传说。大家感叹，文人古典式的采风生活越来越远了。我戏说张继炼"一日驱车千里到德令哈是裸奔"。他认真说："请你到阿拉善，穿越巴丹吉林沙漠，住几个晚上，采访牧民，品味咸水海子和淡水海子。"

| 喇家遗址所在地——喇家村

正说着，车到官亭镇。叶茂林先生比 GPS 更精确，在他指导下，我们很快到喇家村。远远地，看见一位戴草帽的农人模样男子在打电话，接着，就看清了他黝黑的面容和热情的笑貌。叶先生于1998 年在喇家村开始考古调查，从此扎根，如今俨然成为喇家村的一员。长期野外作业、接地气，使他像农民一样朴实、憨厚、爽朗、热情、善良，令人敬佩。我们神交已久，一见如故。初期见面的情景，竟让张继炼误以为我和叶先生是老朋友了。

喇家遗址目前还没开放。叶先生驻此，现在主要做考古资料整理和考古报告编写以及遗址保护工作。他介绍我们认识了民和县博物馆馆长何克洲先生。我们寒暄几句，吃味道纯正的农家饭，之后，他担心下暴雨，立即带我们参观将来准备向游客开放的考古现场（博物馆）。喇家村现在居民全姓喇，土族，对人很友善。他们知道祖祖辈辈生活的这个地方已经名声大振，而喇家村蕴藏的考古谜团和未知，还有很多。根据国家政策，遗址以保护为主，考古发掘很少，留下这些谜团和遗址要给未来学者们去发掘、发现和解释。今后的科技发展了，对于考古发现的遗存遗物和现场的保护就可能办法更多、效果更好，要让喇家遗址的考古也能够可持续发展。经过几座有高

喇家遗址标志性的雕塑

大围墙的宅院，刚出村庄，就看见静卧在绿色田野中的土红色建筑和旁边的标志性雕塑。远处，盆地周围群山逶迤环绕，西北面有拉脊山，西南面是小积石山，与其他山系围成了官亭盆地。黄河由西向东，从喇家遗址南部通过。据叶先生介绍，中国社会科学院考古研究所与青海省文物考古研究所组成的联合考古队，对喇家遗址进行了九个年度的发掘，清理出宽10米、深3～4米环绕成的防御壕沟的多段，还有供原始人们举行重要集会的小型广场，结构独特的窑洞式建筑等许多重要遗迹。史前时期与青铜时代的古人类在这个小盆地里繁衍生息，创造了从庙底沟时期，到马家窑文化、齐家文化和辛店文化等多种类型的史前文化。叶先生带我们参观的是官亭盆地分布最多、最广、最具特色、一度繁荣昌盛的齐家文化遗址。由著名考古学家亲自介绍其主持发掘的文化遗址，是难得的福气。"古老历史之门"（博物馆大门）刚打开，一股浓郁的远古陶土的泥腥味扑面而来，四座残毁的窑洞式房址出现在眼前。

考古学家们发掘的大部分遗址现场在考察后一般都回填保护。这几处保持了先民因灾难死亡的原始真实状态的裸露遗迹，曾经轰动一时，

受到广泛关注，国家特别对此进行现场保护保留，以备今后专供游客们考察、参观。这个博物馆区域里保留有四座房址，地面和四壁或用白灰抹平，或为硬土面，正中一个圆形火

｜叶茂林带领大家参观学习

塘。编号 F4 的房址内有 14 具骨骼，其中以少年儿童为主，18 岁以下的 10 具，年龄最小者仅 2 岁；28～45 岁的 4 具。这些遗骸姿态各异，有的曲体侧姿，有的匍匐地上，有的肢体牵连，有的惊恐跪踞，许多有骨折或异常姿势，令人心悸魄动，耳边似乎传来绝望的哭喊声和求助声。大家不由自主问：这里面大多是成年女性和小孩子，男人们干什么去了？叶先生说，根据目前科学家的考察结果，当时先发生了大地震，接踵而至的是大洪水。考古学家推测，也许地震发生前有过异常现象出现，大多数成年男人可能有更重要的紧急任务，所以把女人和孩子们留在了窑洞内。大地震后又迅即引发黄河大洪水，或许是堰塞湖洪水，水位迅速上涨，灌进盆地，淹没了这个古聚落。当时，男女青壮年都出去监视异常自然现象的发生，拿今天的话来说，大概就是在抗震救灾和抗洪救灾，而留在窑洞式房子里的女性照顾着小孩。谁料，房屋被不断发生的剧烈地震损坏，惊恐万状的小孩子哭喊成一片，扑向成年女性，而那些母亲们也展开双臂，试图给他们一个安全的庇护；一位半大的男孩也挣扎着，还试图用稚嫩的身躯去顶住坍塌土顶，大孩子们都努力协助

母亲们，就在这一瞬间，房屋震塌，他们的生命刹那间被定格在4000年前的巨大灾难中……而那些到聚落居室外抗灾的齐家人，在猝不及防的灾难降临时，甚至根本来不及祈祷、祭祀或举行其他仪式，也来不及反思是哪个行为惹恼了天神或何方神灵，仓皇失措中依靠自身和群体的力量进行一番有限的抗争后却无济于事，终被洪流所驱赶，而聚落被洪水淹没……这个古老的群落彻底毁灭了。大地安静下来时，官亭盆地的黄河二级阶地上变得满目疮痍，面目全非。或许，有因为外出狩猎或进行玉石贸易的齐家人几天后归来时，惊讶地站在高处打量，怎么也找不到熟悉的家园，当意识到发生了什么事情时，是不是发出了撕心裂肺的哀号？是不是一边呼唤亲人，一边不停地用双手刨挖，直到在绝望中瘫倒？而他的妻子，或许就是那位跪在地上的年轻母亲？她竭尽全力，用自己的身体和双臂保护着怀抱中的幼儿，等待丈夫归来。她坚信突然降临的灾难会被她的身体抵抗过去，就像坚信她的英俊丈夫会带来海贝、玛瑙、玉石等美丽饰品一样。但是，这次灾难来势凶猛，转瞬之间淤埋了她的家园、她的梦想、她的爱……

　　唉，灾难太可怕，现场太惨烈。诗人邢云偷偷抹一把眼泪。北方的男人啊，侠骨柔情。

　　大家感慨地说：中国的伦理道德在齐家时期，就早已经形成了大概框架。

　　黄河上游是中

令人震撼的灾难来临瞬间 |

| 伟大的母亲，伟大的爱

华文明的重要源头之一，而齐家文化作为黄河文明高度发展的脉络在这里如此醒目，如此清晰，如此感人。

看见 F4 房址中有几件齐家文化陶器、石器，便问叶先生：这里面发现过玉器没？

他说，在这个房址里就出土过几件玉器。在喇家遗址还发现了比较多的一些齐家文化的玉器和玉器半成品、残片、玉料等。从相关迹象估计，也应该有制作精美玉器的作坊。玉料除了采自附近玉矿，还有来自遥远地区的祁连玉、昆仑玉及和田玉等。显然，喇家遗址是官亭盆地齐家文化时期的一个中心聚落或部落酋邦王国，他们已经与祁连山地区、昆仑山地区有了经济往来——从这里到新疆和田，也许应该有一条古老的玉石之路。官亭盆地的齐家人从新疆和田地区或从新疆和田的先民那里运来古玉，再加工成玉璧或其他玉器，除了部落使用外，可能还输出到附近地区及一河之隔的积石山县，并向临夏等地甚至更遥远的地方辐射。著名的临津古渡（亦名官亭渡口）距离喇家遗址西 7 公里，史载始于汉代，隋炀帝出巡陇右，文成公主进藏，都从这里渡河往西而去。一条道路的形成不是一朝一夕，而是古人类经过多少年的踏勘后，逐渐才定型。追溯源头，丝绸之路、唐蕃古道及吐谷浑道都会上溯到玉石之路；往下延伸，则一直可到茶马互市、黄河对岸民国时期的大河家"永盛茂""兴盛痛""全盛痒"等商号及官川公路连接的现代村镇。

话题又回到喇家遗址。还有一些考古发掘或从老百姓家里征集到的实物，现场目前还没陈列，只能通过图片领略其风采。例如，被称为"黄河磬王"的大石磬，是目前中国考古发现的最大石磬，清脆悦耳，音律完整，是齐家古老群落的巨大文化符号。谛听，似乎遥遥可闻悠远的古音。2002 年 11 月 22 日，青海省文物考古研究所蔡林海先生在发掘 F20 地面房址时发现一碗里有面条状遗物存留，后来据中国科学院专家的鉴定分析，是小米做成的面条，其制作工艺类似陕西饸饹面。这是迄今最早的面条遗存。4000 年的那碗面，由于突如其来的灾难，神没有吃上，主人也没能吃上，被大地抖动打翻在地面，陶碗倒扣，坍塌泥土覆盖，之后洪水淤泥渗入，使陶碗密封，因此得以保存至今。

虽然在地下埋藏 4000 多年，但蝉翼状的薄薄表皮尚存，卷曲缠绕形态依然保持着，看不出其与兰州牛肉面馆里的凉面有多大差别。由此可见，当年的齐家人以小米面为主食，

被认为世界上迄今为止发现最早的，4000 年前的面条|

穿越长长的历史之后，北方大多地区农村依然继承着这一饮食习惯，他们自称是"面肚子"，几天不吃面似乎就难受得无所适从。

我深有感触地对张继炼说："这些考古成果也是很好的文学题材，如果有时间，静下心，花一年时间写出一篇小说来，肯定好看。"

张继炼赞同："考古无法完成的细节，只有用文学方式才能补充。"

我们一行六人都是首次拜谒喇家遗址，首次拜访叶老师，因为他的

谦和与热情，大家都无拘无束。叶老师始终耐心地微笑着解释每一个问题，不管幼稚的还是学术性的。这位出生于四川的考古学者经过多年田野考察，尤其是青藏高原的喇家遗址的考察，外表完全被高原的硬实水土熏陶成西北人了。他那么热忱地深入民间，考察、思考、研究，将学术与生活紧密融合，从容不迫，把考古工作的苦却变成了乐哉悠哉。叶老师带我们陆续参观了 F3、F4、F7、F10 等房址遗迹，还有齐家人的时尚壁炉、照顾怀有身孕媳妇的婆婆、那位曾经被冤枉了的男人的腿骨、宽敞的地窖式粮仓、神秘奇妙的器座坑，等等。每一处遗址都会引发深思，引发感慨，引出故事。阿拉善的客人不断感叹，不断嘘唏。

最后，大家的讨论回到初始：这场灾难究竟是什么导致？

有学者研究表明，大约公元前 1730 年，积石峡发生过一次严重堰塞事件，不久，发生部分溃决，造成异常洪水，毁灭了喇家文化。

依据目前说法，地震、黄河大洪水、山洪，倒也符合这里的地理气候特征。也许，在齐家时代，或者更早的时期，先民经常承受地震摧残，遭受洪水袭击，所以才有蛙图腾，才有后来流传的鲧和大禹治水的故事：大约 4000 多年前，黄河流域水患严重，尧命鲧负责治水。鲧采取"水来土挡"策略，失败；其子禹经过严密考察，改"堵"为"疏"，终于完成名垂青史的治水大业，因此成为夏朝开创者。现在，有些学者钻研文献，田野考察，试图找到更具有说服力的证据来证明齐家文化与夏朝的关系。但愿将来喇家遗址的考古，能够为那些学者如愿出土一些新的证据。

参观完毕，叶老师担心下雨，建议我们早点返回。即将分别，他抓紧时间，介绍了黄河皮筏，三川杏雨，世界上历时最长（65 天）的狂欢节——土族"纳顿节"和"巴依儿艺术节"，还有建于北宗年间的丹阳古城。上车前，我们又获得"赠送"，从当地搜集到的一个传说：宋征讨丹阳城，三川女英雄丹阳公主率众抵抗，被围攻，危急时刻，一只凤凰背负丹阳公主直冲云霄……据说，三川妇女所穿绯红色百褶裙，脚穿绣花翘鞋的装束就是从丹阳公主那里传下来的。

这样说时，叶老师眯着眼睛，幸福地笑，仿佛他是仁慈宽厚的部落首领，刚刚吃过齐家的小米面条和壁炉烤出的美味面包，欣赏完古老作坊里的精美玉璧、玉琮、玉刀后，心满意足地敲打"黄河磬王"，召集大家到一起，分享某种最新收获的快乐。

十七、乘坐冲锋舟考察王家坡遗址

永靖县被传为大禹治水故事发生地。易华兄曾考察过，这次光临，依然激奋，走路也像山羊一样欢快跳跃。

7月24日清晨，在黄河边的宾馆里，我和叶舒宪、易华与永靖县宣传部部长柳玉珍、副部长陈坤昌、博物馆馆长罗宏舟等人对着图册研究，优选考察点。

永靖县素称"河州北乡"，是刘家峡、盐锅峡、八盘峡三座水库的重点移民县。我们原来设计的考察对象是大何庄遗址和秦魏家遗址，它们同属于黄河上游新石器时代晚期至青铜时代早期齐家文化，修建刘家峡水库时被淹。现在，我们只能通过资料了解。

大何庄遗址位于永靖县莲花城西南部，与秦魏家遗址隔沟相望。1959年，中国科学院考古研究所进行过两次发掘，断代为公元前2000年左右。遗址大多是长方形硬土居住面遗迹。保存最好、结构新颖的7号房基是一座方形半地穴、室内留有宽平台的建筑。坑壁四周及居住面都先抹层草筋泥，再涂层薄白灰。这种处理墙面的方法在甘肃民间至今沿用。圆形灶址边发现10多件陶器，1件粗陶罐内装有烧焦的粟粒，平台上还发现1件铜匕。

秦魏家遗址是保存较完整的一处齐家文化氏族公共墓地，大部分墓都有石器、陶器、骨器和猪下颚骨等随葬品，双大耳罐、豆、盆、高领双耳罐和侈口罐等生活用具最常见。三座墓出土了铜环和铜饰，地层和灰坑中还出土铜锥、小铜斧、铜饰等。铜器经光谱定性分析，有红铜和铅青铜，分别使用锻造、铸造两种方法。这个发现表明齐家文化晚期已进入青铜时代。

与这两处文化遗址一同被淹的，还有永靖旧县城莲花城。

1937 年，著名史学家顾颉刚先生游历西北，拜谒鸟鼠山、积石山、西倾山，主要考察昆仑传说与羌族文化方面的问题，由于他的客观记录和访谈，许多政治、经济、教育、历史、地理、民族、宗教、民俗方面珍贵的资料得以保存。1938 年 7 月 23 日，顾颉刚一行从积石山县进入永靖。《西北考察日记》记录了这次考察线路："……沿羊肠小道，上安家关，下白土坡，坡陡且长，然下望黄河，又开心目……下午六时至唵歌集，参观安乡小学。""附近川地甚广，阡陌相接，有汇合数沟之水而成的银川河。""黄河北岸有古寺曰炳灵寺，中有西秦、北魏、隋、唐之石刻，为颇有历史价值者。""夜八时到永靖县。""游览街市。出北门，到夏河入黄河处散步。进南门，到前教育局长魏子蕃君处谈。赴谢县长之宴……""观大夏河入黄河处，相形之下，大夏河仅若狭沟而已。""在康家湾见农民以连枷打麦豆于场中，亦为妇女操作……"

顾颉刚经过三次访谈写成《永靖县概况》。该书记录永靖概况："永靖原为河州北乡之莲花城，建于清光绪庚子年，周四百步，民十八年始自临夏划出建县。"记载黄河重要支流大夏河、洮河、湟水均在永靖县与黄河相会，记载黄河在刘家峡转向西北流、河水曲折如太极图形的自然景观，记载经莲花城到临夏、兰州、青海民和县详细交通路线，他还谈到了黄河与洮河交汇处"山势逼束，河面狭窄而水流急，在洮河方面曰毛笼峡，在黄河方面曰刘家峡，皆富于水电资源者也"。这个构想 30 年后即成现实。

《西北考察日记》出版后，《大公报》记者范长江受到影响，也到西北考察，记录不少珍贵的人类学史料。

大何庄遗址、秦魏家遗址、莲花城被刘家峡水库淹没，这是国家建设大计，与保护不善的武威皇娘娘台遗址不同。图册资料显示，除了大何庄遗址、秦魏家遗址，永靖县还有抚河马家湾遗址、张家咀遗址、杏树台遗址、小茨沟台遗址、杨塔马家湾遗址、坟台遗址、七十亩山遗址、庙台遗址、沈家圈遗址、马路塬遗址、尕台遗址等，我们不可能全部到达。

大家认真讨论后，决定听从柳玉珍、罗宏舟等人的建议，乘坐冲锋舟，考察位于刘家峡库区北岸、三塬乡王家坡村的王家坡遗址。这个遗址属齐家文化、辛店文化，1975 年文物普查中在紧靠水库台地坟湾子断崖处，发现灰层，内有陶片、石器。

罗宏舟馆长说闻名遐迩的"彩陶王"其实发现地在永靖，被积石山县"抢去"了。我们非常理解地方文化工作者对本土文化的情感，不觉得这种"较真"有任何不妥或狭隘之处；相反，非常真挚，可爱，可敬。

我们到刘家峡水库大坝码头乘坐冲锋舟。卢书记对高峡平湖大加赞赏。这是一次难得的水上考察。大家边畅谈，边快乐地享受凉风吹拂。开阔的湖面、飞翔的水鸟、美丽的山崖、新开发的各种水上游乐项目，使大禹治水之地显现出黄河的另类磅礴大气和温婉柔情。当年，顾颉刚先生一行穿行在百米以下的河谷地带；如今，由于水面大幅度抬升，昔日高山峻岭变为平缓丘陵，山沟里镶嵌着一片片新鲜绿洲，超然物外，恍若隔世。四五千年前的齐家人大概也是那种恬静的生活状态吧。

冲锋舟在碧绿宽阔的水面上疾驰大约一小时，停靠在充当临时码头

的水泵房平台边。大家鱼贯而出，经过平台，到达布满了大小石头的河滩。

接近河边的河床处，栖息着一艘似乎废弃的铁船，引发无限思考。

齐家文化就像一艘古船
停泊在 4000 年前的历史港湾
黄河边厚厚的黄土里
夹着齐家文化层

河堤与河滩之间有一片平整的土地，庄稼茂盛生长，有只绵羊抬头张望一阵，继续悠然吃草。叶舒宪、卢法政、刘学堂等人在河滩里捡陶片、石器，很快捡到很多。叶舒宪先生的愿望是捡到齐家玉器，他锲而不舍，蹲在地上刨石头。刘学堂凭借考古学家的锐利目光，捡到几个彩陶局部残件，他很快就能推测出陶器的原来模样。卢法政先生将这次田野考察当成难得的劳动锻炼，认真搜寻，捡到三四件沉默如金的古老石头，堆积到一起，声称要将这些文化带回阿克苏研究。看得出，他真正体会到了乐趣。

易华过去给"夏羊"拍照。那只绵羊开始孤傲，后来全心全意配合，沿着田埂来回走秀，让这位留着山羊胡子的年轻学者拍个够。

大家寻觅、琢磨、挑拣、比对，在这种氛围浸泡一阵，陆续向王家坡村走去。据介绍，王家坡村原来就在这湾水域下面的河岸边，距离永靖旧城莲花城也不远，修水库时，才搬到现在位置。大家爬上一段窄而陡的黄土高坡，便进入绿树成荫、鸡鸣狗吠的村庄。人影稀少，几位花花绿绿的村姑说说笑笑，采摘花椒。一位农妇整理田园。一位农夫依树而坐，好奇地打量我们。生动浓郁的田园生活图景，令人倍感清新。

| 爬上一段窄而陡的黄土高坡，便进入了王家坡村

1975 年发现的灰土层就分布在这个村子里。罗馆长带领大家看了几处明显的、依然裸露的文化层。风雨沧桑，先民生活垃圾经过岁月洗礼，变成飘溢文化气息的可靠证据，令人油然而生厚重感。相比之下，陈子昂《登幽州台歌》中诗句"念天地之悠悠，独怆然而泣下"的境界显得小多了。是啊，随意埋藏在甘肃黄土高坡上的一层灰土，就能把人们带回到 5000 年前的时代，还有什么比这更能让人感慨天地之久远的？

我们考察完现场，坐在树下的那位农夫——他叫王待朋，招呼大家到他家吃杏子之类的水果。他的妻子也回来招呼客人。叶舒宪先生打问有没有齐家玉，卢法政问这一院木结构房屋花多少钱。王待朋一一回答问题，说他们劳动时经常捡到、挖到玉器、陶罐之类古物，20 世纪 90 年代，村里的小孩子还把齐家玉当玩具。后来，有人来收，就卖出去了，现在只剩下一些破碎的残件。说完，他应要求拿出 10 多件古物放到院子里。大家挑挑拣拣，购买。论品相，这些残件连兰州隍庙的地摊都不会摆上不去，与其说收购文物，还不如说买一种田野感觉。

返回时，居高临下，我们才发觉刚才经过的黄土高坡非常险峻。由此向西南方向远眺，可见黄河峡口及三塬乡的港湾式地理特点。著名的风林关就在这一带黄河峡谷处。风林关原名安乡关，742 年，安乡县更名为风林县时关亦改名。汉唐以来，风林关为河湟古道上重要关隘，张骞出使西域，霍去病北击凶奴，唐代崔玉林出使吐蕃，唐文成、金城、弘化三公主出嫁吐蕃均经此道。"安史之乱"后，此关成为唐蕃交界。据介绍，新中国成立初期，关门遗址犹存，黄河南岸石壁上刻有"风林关"三字，字旁有当年修筑关楼时所凿椿眼桩痕，河边残存石块砌墙垣，1958 年修英雄渠时被毁。

我们此行到不了风林关，只能在王家坡凭高远望，烟波浩渺的黄河湖湾与周边雄伟山峰尽收眼底，境界开阔。用相机拍摄，却是白茫茫一片模糊。于是叹息，正如历史不可复制，美景也无法带走。

高原太阳依然热烈烘烤，但因为这浩瀚黄河的滋润，大家并不觉得燥热。乘坐冲锋舟，顺流而下，心情驰荡，返回码头，转乘汽车，到黄河三峡太极广场，参观永靖县博物馆。该博物馆现有一级文物 12 件、二级文物 73 件、三级文物 364 件、一般文物 1294 件，2007 年才实现免费开放。"彩陶展"包括马家窑文化、齐家文化、辛店文化三部分，非物质文化遗产展示傩文化、白塔木雕、王氏铸造、北乡秧歌等。

　　永靖傩舞戏很有特色，民间称为"七月跳会"。据传起源于唐代。当时，在农耕民族同游牧民族冲突中，农民在"防秋"时为壮大声势、吓退游牧民族的骑兵，戴面具装扮成天兵模样，后来演变为一种民俗活动。永靖曾经流传着一份《跳会禀说词》："明代时间，刘都督射猎，遗留了哈拉（军傩）会事，因为盗贼劫掠，出没无定。无事则旗帜伞帮，团结跳会，和合人心；有事时，则干戈齐扬，耀武扬威守望相助的意思。这哈拉（军傩）会事，一年一遍，一年一换成了老君的铁帽子，流长源远。"这是农耕文化与游牧文化结合部的活化石。

　　永靖县的古建筑设计、建造、修复也很有名。但傩舞戏、永靖古建筑不在此次考察范围，加之时间安排紧，只能错过了。但愿有学者能对它们进行深入研究。

　　按照计划，考察团下午要前往临夏考察。热情爽朗的诗人、临夏博物馆馆长马颖先生已经打过三四次电话，不断问我们到哪里了。同门师兄、在临夏经商的哈九清先生也来电话，说他们已经到临夏的某个路口等候。启程，汽车出永靖县城，经过新修建的、飞架在刘家峡上空的黄河大桥，便在缠绕于黄河南岸山巅之间的公路驰骋。我们似乎从高空俯瞰黄河及对岸的风景，美不胜收。我和叶舒宪先生不断抢拍。叶老师还启动摄影功能，拍摄外面地理景观，自己配以解说词，留作以后写作时的提示资料。我觉得这一路可以开发成旅游观光区，特别是到开阔的大夏河谷地，景象更阔气、壮观、秀丽。

十八、夜访罗家尕原遗址

7月24日下午，我们与前来迎接的临夏州委宣传部副部长孟广成及马颖、哈九清等人会合，沿大夏河岸边的道路逆流而上抵达临夏，穿越闹市，直接奔赴临夏州博物馆。这是一座新建筑，大气磅礴，雄伟壮观。多年来，我们见到的文化设施大多破旧、衰老，暮气沉沉，负责人也多是老学究类型的。临夏博物馆让我们大感意外，馆长马颖的帅气睿智也让人耳目一新。不过，临夏文化灿烂辉煌，又有许多与夏朝有关的神话、民俗、传说等，只有这种宫殿式的圣堂才能够与那些闪烁着史前人类智慧光芒的文物相匹配。

临夏回族自治州地处青藏高原与黄土高原过渡地带，东临临洮，西倚积石山，南靠太子山，北濒湟水，自古以来就是人类发祥地、繁衍的理想栖息地。秦汉王朝设县、置州、建郡，古称枹罕，后改为导河、河州，为古丝绸之路南道要冲、唐蕃古道重镇、茶马互市中心，有"河湟雄镇"之称。安特生就是在临夏境内考察时才揭开黄河上游史前文化研究的序幕的。因此，临夏彩陶和玉器是我们考察的重点。

临夏彩陶蔚为大观，可以说是一部以器型、质地、色彩、图饰等多种元素进行宏大叙事的历史长卷，也像史前人类的雄浑合唱。孟广成、马颖与文博系统相关的工作人员马玲、李焕云、张有财、马梅兰、马晖、华小燕等陪同考察团成员赏析。

在人类进步中，制陶术的出现为改善生活、便利家务开辟了一个新纪元。燧石器和石器的出现早于陶器，它们给人类带来独木舟、木制器皿；而陶器则给人类带来便于烹煮食物的耐用器皿。在国际学术界，有人类学家把尚不知制陶术的部落归于蒙昧人，把已经掌握制陶术但还不知标音字母和书写文字的部落归于野蛮人。根据这个标准，华夏先民至少在1万年前就已跨进人类原始文明时代。

黄河中游最早、延续时间最长的旧石器文化和新石器时代文化是存在于约公元前60000～4800年的大地湾文化，大地湾文化既是中国史前先民率先使用彩陶的文化，又是西北地区最早产生的农业文化。后来，彩陶文化中心转移到甘肃中南部地区，形成马家窑文化。据放射性碳素断代并经校正，马家窑文化年代约为公元前3300～前2050年。这个文化区域以陇中大地为核心向四周辐射，东起泾渭流域上游，西至河西走廊和青海东北部，北至宁夏清水河流域，南抵四川岷江流域。按时间顺序可以分为石岭下、马家窑、半山、马厂四个类型，延续5000多年，形成一部完整的彩陶发展史。

石岭下文化距今约5500～6000年，因首次发现于甘肃武山石岭下遗址而得名，是仰韶文化庙底沟类型到马家窑类型的过渡期，是马家窑文化的初期阶段，主要分布在渭河上游及葫芦河、洮河、湟水河流域等。

马家窑类型是石岭下类型的延续，其所处时期正是原始社会母系氏族社会由繁荣走向衰弱之时，大概范围为西到河西走廊，南到青海东北和四川北部，北至宁夏南部。马家窑遗址是安特生及其助手发现于洮河西岸马家窑村麻峪沟口的。1944～1945年，夏鼐先生为确定马家窑期与寺洼期墓葬关系，发掘临洮寺洼山遗址，认识到所谓的甘肃仰韶文化与河南仰韶文化有诸多不同，应将马家窑遗址作为代表，称为马家窑期或马家窑文化。这个概念沿用至今。马家窑文化制陶业非常发达，已发现的马家窑类型遗址达300多处。临夏是马家窑文化的核心区域，东乡县林家遗址、康乐县边家林遗址、广河县地巴坪遗址是最重要遗存。

据人骨鉴定，马家窑文化居民当是戎、羌族系祖先，属蒙古人东亚类型，与中原仰韶文化创造者相同。安特生从广河半山征集的陶塑人头壶盖，圆脸，面部较平，颧骨较高，鼻梁较矮，系蒙古人种。临夏市博物馆保存的陶塑人头壶盖表现的是一位马厂女郎，脸部平展，头部有黑彩线条饰披散状。马家窑文化前身仰韶文化庙底沟类型陶塑人像也为披发。史载西域戎、羌人习惯披发。据此，在临夏沿袭彩陶文化发展的主体民族大概就是戎、羌。

半山类型因首次在广河县南山乡半山村发现而得名，距今约4650～4350年，由马家窑文化发展演变而来，分布在陇山以西的渭水上游、兰州黄河沿岸到青海贵德盆地、湟水、大夏河、洮河、庄浪河、祖厉河，河西走廊永昌、武威、古浪等地，范围基本与马家窑类型相同，但逐渐西移。

半山类型之后发展起来的文化类型，是距今约4350～4050年的马厂类型，分布范围与半山类型大致相同，只是发展到河西走廊西端的酒泉、玉门一带。

马厂类型结束后，彩陶分两支继续发展：一支以青海省乐都县柳湾为代表，主要分布在兰州以西及青海地区，发展为齐家文化，上限到距今约4100～4200年、下限到3800～3700年左右。目前，甘肃境内共发现齐家文化遗址650余处，出土了陶器和制作精良的玉器。彩陶进一步趋于衰落，数量不多，种类也很少，但铜器大量出现，出土了我国最早的、光泽犹存的铜镜及斧、刀、匕、镰、锥、环、钏等铜器。其中最大的铜器是齐家坪出土的 15 厘米长的铜斧，器身厚重，刃部锋利。另一支沿河西走廊向西北发展，逐渐演变为四坝文化，主要分布在甘肃省河西走廊中西部地区，西至瓜州以及新疆东部哈密盆地一带，距今约 3900～3400 年，相当于夏代晚期和商代早期。

给彩陶画上句号的是辛店文化和沙井文化。距今约 3400～2800 年的辛店文化最早由安特生及助手在洮河东岸辛甸遗址发现。出土地本名为辛甸，因正式出版物中误译为辛店，故沿用至今。1947 年，裴文中先生在洮河、大夏河流域发现辛店文化遗存 9 处。新中国成立后，为配合刘家峡水库建设工程，考古工作者相继发现辛店遗址 86 处，进而将辛店文化划分为张家咀、姬家川两大类型。1956 年，东乡县唐汪川山神遗址发现一批以红色涡形纹为主的圆底罐有别于已知类型，学术界暂时称为"唐汪式陶器"。1984 年，甘肃省文物工作队与北京大学考古系合作发掘临夏马路塬、甘谷毛家坪遗址，发现以圆底、鼓腹、绳纹为特征的另类辛店遗存，学术界命名为山家头类型。

辛店文化早期遗存与齐家晚期遗存有十分明显的继承发展关系，而它的某些特征也被后来的沙井文化吸收。

沙井文化距今 3000～2500 年左右，中心区域在腾格里沙漠西部、西南部边缘地带，向东南延伸可达永登、兰州附近。沙井文化是甘肃乃至我国年代最晚的彩陶文化，它为绚丽辉煌的彩陶文化退出历史舞台拉上意味深长的帷幕。

临夏彩陶蕴含着丰富的人类学信息。马颖热切希望能同中国文学人类学研究会合作，共同开发起潜在的巨大文化价值。叶舒宪先生也有此意，大家参观时赞叹不已，迫不及待讨论合作模式及发展前景。

享受完这顿文化大餐，考察团成员又参观了临夏市博物馆和几处民俗文化建筑。

晚餐后，马颖表现出诗人的率性和浪漫，他提议大家去罗家尕原遗址，欣赏夜色中的大夏河，远眺太子山。我们积极响应，因临近黄昏，立即行动。罗家尕原遗址在城市边缘，紧挨着大夏河，汽车只能开到山底，我们匆匆忙忙沿"之"字形山路上到长满荒草的山顶台地，太阳还是沉落下去了，灯火已亮，夜色浅浅浮现。太子山杳如梦幻，古朴神秘，大夏河影影绰绰，风采被华灯抢去。大夏河落日赶不上了，就打开手电寻找陶器残片。芳草萋萋，山野清凉，草虫乱飞，空气如蜜。夜色越来越浓，山风越来越凉，不由得想起屈原《山鬼》中的浪漫而优美的诗句："若有人兮山之阿，被薜荔兮带女萝。既含睇兮又宜笑，子慕予兮善窈窕。乘赤豹兮从文狸，辛夷车兮结桂旗。被石兰兮带杜衡，折芳馨兮遗所思。余处幽篁兮终不见天，路险难兮独后来……"

用这首诗歌描绘大地湾、马家窑、半山、马厂、齐家甚至四坝、沙井文化时期的女子形象，更为贴切，更为传神，因为在那个时代，人类与自然万物的关系还非常亲密。

回到宾馆，灯火阑珊，又是黑沉沉的疲惫夜晚。没想到，挚爱文化的作家、甘肃省民俗学会副会长马志勇拿来他的几部著作，在宾馆等候。马志勇原任临夏州志办主任、临夏州文联副主席、州人大内司委副主任，多年来致力于临夏地域文化研究，目前正在主编《临夏大辞典》。近年来，他格外关注夏和大禹文化，正在撰写相关著作，将出版。他给我们提供了一些重要信息：临夏境内有很多带"夏""大夏"的古县名、古地名、古官职名、古山水名，例如临夏回族自治州、临夏市、临夏县、大夏河以及广河大夏古城、大夏县、大夏郡、大夏长、大夏水、大夏山水、大夏节度衙等。易华激动得坐立不安，恨不能马上飞到大夏古城去考察。他要求次日的行程中安排这个古城遗址。

十九、悠悠齐家坪

　　7月25日早晨，考察团准时出发。马志勇、马颖两位先生与我们同行。

　　第一站是广河县齐家坪。广河县名来源于广通河名，1956年曾叫广通县，1957年改广河县，境内有广通河、洮河两条较大的河流。《水经注·河水》记载："洮水右合二水，左会大夏川水……水出西山……又东北出山，注于洮水。洮水又北，翼带三水，乱流北入河。"大夏川水就是广通河。出临夏城，汽车驰骋一阵，我们就看到了水量虽小但激情充沛的广通河。它与高速公路相辅相成，逶迤穿越古老荒原。据说这里在亿万年前是一片海洋，经过多次地壳运动，造就了丰富的古海洋生物化石。

　　由于路线、时间等原因，我们不能考察大

　│ 水量虽小却激情充沛的广通河

夏古城，只能参观齐家坪。易华充分表达不满，也充分表示理解。汽车到一个高速路口与广河县委宣传部长马成兰、文广影视局局长唐士乾、作家吴正湖等人对接，然后沿不时与洮河并行的便道前往齐家坪文化遗址。

汽车沿洮河西边的乡村砂石路缓慢前进。洮河上有座水电站也以齐家坪命名。走一阵，开始上坡，到排子坪，再穿村落，过梯田，终于到达被几道深沟切割开的高巍台地上，到达排子坪乡齐家坪村。这就是齐家文化命名的地方！大家肃然起敬，眼望前方，怀着朝圣的心情行走在林荫大道上。草木翠绿，蓝天清楚，田野气息散淡而悠远。这段路不算长，叶舒宪先生却走了近 10 年。如果没有先生影响，我到达这里的时间还要推迟，也可能失之交臂。

齐家坪遗址石碑立在展览馆前草坪上，朴实无华，沉着冷静。是啊，4000 年的风雨沧桑和时光酝酿，把任何浮躁之气都能过滤干净。

齐家坪遗址石碑 |

我们默默瞻仰。

齐家文化被视为中国青铜文化产生和发展的重要源头。在我国，这种介于新石器时代晚期与夏商文化之间的遗迹十分罕见，具有极大学术价值和历史研究意义。

1924 年夏季，安特生及其助手在此发现与仰韶文化截然不同的单色压花陶器以及与古希腊、罗马安佛拉瓶造型类似的双大耳罐，便命名为齐家文化，据放射性碳素断代并校正，早期年代为公元前 2000 年左右，下限还当更晚。1945 年，夏鼐先生在广河县阳家湾发掘两座齐家文化墓葬。1947～1948 年，裴文中先生在湟河、大夏河、洮河流域发现 90 多处齐家文化遗址，首次发现白灰面住室和石圆圈遗址。1975 年，甘肃文物队对齐家坪遗址再次进行大面积考察发掘，取得丰硕成果。

除了齐家坪，临夏州境内齐家文化遗址还有积石山县新庄坪、临夏县莲花台、康乐县王家等及淹于刘家峡库区中的秦魏家、大何庄等。中国社会科学院考古研究所原始社会考古研究室原主任、甘青考古队队长，曾主持刘家峡水库区考古调查工作与甘肃秦魏家、姬家川、张家咀、师赵村和青海柳湾等大遗址发掘的谢端琚先生在《甘青地区史前考古》中将齐家文化暂定为五个类型，分东、中、西三个区。东区为甘肃东部地区的泾水、渭河、西汉水上游流域，分师赵村和七里墩两个类型；中区为甘肃中部地区黄河上游及洮河、大夏河流域，以永靖秦魏家遗址为代表，称秦魏家类型；西区为甘肃西部和青海东部地区黄河上游及湟水流域与河西走廊，分皇娘娘台和柳湾两个类型。

关于齐家文化的渊源，目前存在几种观点：有人认为齐家文化是马厂类型的继续和发展；有人认为是常山下文化的继续与发展；有人认为是独立发展而成；有人认为是马家窑文化发展到马厂类型后分为东、西两支，一支发展为河西四坝文化，一支发展为齐家文化。近年来，有学者提出其源头大致在陇东及宁夏南部，由东向西渐进扩展；还有学者认为齐家文化是受东方红山文化和中亚文化影响形成的青铜器文化，易华兄持此观点。

齐家坪遗址主要有泥制红陶和夹砂红褐陶，还有少量灰陶和泥制彩陶，还发现陶鼓、陶铃、陶埙等乐器及各种动物雕塑像。齐家文化的冶铜业相当发达，出现了红铜、铅青铜和锡青铜，青红铜器有刀、锥、凿、泡、铜饰等。齐家坪遗址出土的铜斧和铜镜都是齐家文化铜器中的精品。齐家玉器在中国玉器史上占有重要位置。齐家人崇尚素洁，齐家坪出土的玉琮古朴素雅，赏心悦目。安特生惊叹道："最足引人注意者，莫如仰韶期之墓地中，发现曾琢磨之玉片及玉瑗数件，其形质吾人常认为来自新疆和阗者也。解说者谓甘肃石铜器时代过渡期之民族，与新疆似有贸易上之联络，但就吾人所知，仰韶期之民族，缺乏金属，则彼等竟能作脆薄如瑗、坚韧如玉之器物，宁不足怪也。"由此可见，安徒生当年已经注意到史前新疆与内地的联系。

齐家玉是齐家文化的重要符号。积石山新庄坪遗址出土过玉铲、玉刀、玉璧、玉环等。青海喇家遗址也是有名的齐家文化遗址，最大特征是玉器明显增多，曾发现过重型礼仪玉器——玉璧和玉刀。甘肃有些收藏家以收藏齐家玉为主，数量惊人，屡见精品。齐家玉也有不少流失到海外及台湾等地。2013年6月14～16日，我前往陕西榆林参加由上海交通大学与中国收藏家协会联合主办，陕西省民间文艺家协会、榆林文联承办的"中国玉石之路与玉兵文化研讨会"。与会专家就陕西榆林神木县石峁遗址史前石城及建筑用玉器现象展开研讨，关注石峁玉器的源流与华夏文明发生的关联，以及早期玉兵器的精神防卫功能。结合考古新发现的石峁古城，学者希望找到华夏文明中玉文化的诞生及玉料资源的传输之路。玉石之路是华夏文明的生命孕育之路，是中国人精神价值的本源。神木县石峁遗址的新发掘表明：早在 4300 年前，这一地区就建造起当时国内最大的石城，并且规模性地生产和使用玉兵器与玉礼器。研讨会上，学者逐渐摸清，在马尚未被驯化的史前，西部的昆仑玉及祁连玉如何沿着黄河及其支流的水道向东输送到中原国家，成为夏、商、周三代王权建构所必需的玉礼器的生产原料，并由此催生出儒家"君子比德于玉"的人格理想、道家瑶池西王母的神话及后世的玉皇大帝的想象，从而使中国玉石神话梦想绵延数千年，成就历代统治者的传国玉玺。

我在发言中提到了甘肃齐家玉。会后，上海交通大学副校长徐飞教授对我说，他将尽快带领一个团队专程到甘肃去考察。果然，大约一个月后，2013 年 7 月 12 日晚，叶舒宪老师与上海交通大学副校长徐飞教授、上海交通大学人文学院院长王杰教授、上海交通大学人文学文科建设处副处长常河山博士一行 4 人抵达兰州。将他们接到西北师范大学专家楼，已经是晚上 8 点多。2013 年 7 月 14 日早晨，我们前往青海民和喇家遗址。返回前，又驱车往大河家看著名的唐蕃古渡——临津古渡。尽管遗址难寻，但是古意苍凉。

2013 年 10 月 21 日，叶舒宪先生介绍的台湾吉光雅集玉器学会、儒世玉文化艺术基金会一行到达兰州，次日，我带他们到定西参观。大家一边切磋，一边观摩，场面像小型的学术研讨会。不知不觉，泡了大半天时间。中午吃农家乐。之后，再次回到博物馆观摩。我与台湾吉光雅集玉器学会荣誉理事长牛震有个简短的交流。他说，在波士顿、瑞典、丹麦等地都看到过齐家玉器。尤其是丹麦的藏品，超出了人们的想象力。如果给学术界看了，肯定不会接受。这样的经验我也有过。很多齐家的玉器，其做工和精美程度，令人难以置信。牛震再三感叹说，现在的藏家都被拍卖机构忽悠，重视明清瓷器之类，忽略了高古玉。但他相信，高古玉一定会到达它应该到达的位置。我也坚信不疑。回去的路上，牛震对我说："如果上海交大或其他城市真的能建起齐家博物馆，我捐出一件从波士顿买回来的齐家玉，是极品。"

在参观完齐家坪文化陈列馆的间隙，卢法政先生深入农家，发现院落整洁，窗明几净，柴火、农具摆放有序，感觉非常舒适。在返回县城的车上，他感慨地说没想到甘肃的农村这么整洁。看来，他和很多外地人一样，都对甘肃有些不符合实际情况的、先入为主的印象。我不知道那些遮蔽真实情况的表面印象从何而来，为何要强加给甘肃。西部就像粗糙的山川、贫瘠的土地、浩瀚的沙漠、辽阔的戈壁以及悠久岁月掩盖着的真实一样，发掘起来并不容易，往往你看到的、感觉到的，也许只是距离实质很远的表象。我给卢法政先生讲了民国九年（1920年）海源大地震时的一个情景。那年冬夜，地震发生时，有个村落的人聚集在一个窑洞里，看皮影戏。观众全神贯注地欣赏，艺人全神贯注地表演，他们浑然一体，地震导致洞口塌陷也不知觉。后来，别人挖开洞口，发现里面的男女老少都死了，看戏人、表演者还保持着当时投入的姿态。这些人似乎到死也不知道外面发生了什么。我曾经想把那件事写成小说，但是迟迟不敢动笔，因为那个事件本身就是很生动、内涵很深的艺术作品，根本不需要雕琢、加工。表现这个题材时，谁要在"字里行间充满贫困荒凉甚至愚昧落后的味道"，就肯定不是一个真正的艺术家。进入西部深处，你常常可以看见外表粗糙的人，但是他们心灵纯净，坦诚开阔。

站在甘肃乃至西部的荒凉大地上，我们充满自信。西部辽阔、壮观，但是气候、生存条件不好。从物质层面上来说，这或许是一种幸运：人们没有形成面朝黄土苦苦追逐世俗利益的习惯，也没有纵容贪婪心的疯狂生长,却十分注重在无限的精神世界里探寻生命真谛。有人不理解西部人世世代代传承的感恩、宽容、忍让等文化精神,歧视他们。西部人却不为所动,仍然奉行自己的处世原则。

卢法政先生为瓜州博物馆馆长李宏伟、临夏州博物馆馆长马颖、《临夏大辞典》主编马志勇等地方工作者、学者对文化的挚爱与执着所感动。在他看来,这些人不计名利、报酬,默默无闻,长年累月跑田野,搞研究,著书立说,往往还要自费出版,确实有些圣徒式奉献精神,在现代社会环境里实属难得。我说,他们都是地地道道的西部人,他们也可以吃西餐,喝咖啡,读现代派画作,看好莱坞电影,但并不会改变精神实质。我还特意谈到了已经过世的民间文艺家宁文焕。这个土生土长的文化人生前是甘肃临潭县一中教师,利用闲暇调查、研究、收集、整理"花儿"几十年,自费出版《洮州花儿散论》,债台高筑。1994 年,我在甘南采风时与他相识。宁先生长期在甘南高原上穿行,因为紫外线的强烈照射,皮肤黑里透红,尤其是脸蛋处,红血丝都裸露出来。他患上了严重的心脏病。1997 年 4 月,我写了散文《一个平凡的民间艺术家》,发表在我的老师、陕西师范大学中文系教授阎庆生先生主编的《劳动周报》文艺副刊上。前些年,偶然得知宁先生因病去世,觉得很惋惜。好在临潭县委县政府意识到这个平凡的民间艺术家的不平凡价值,鉴于他对地方文化艺术做出的重大贡献,特别解决了他几个孩子的工作问题。政府和民众肯定宁先生这样与世无争的普通文化工作者的成果和贡献,表明这个地方有人味,尊重文化。宁先生在天之灵有知,会欣慰地歌唱:"花儿哟,两叶儿啊!"

我深有感触地对卢法政先生说,如果他背个行囊在西北古老而美丽的土地上行走,肯定会遇到很多有人味的公务人员、普通职员、歌手、匠人、农民、牧人、商客等等,他们不管处在怎样的生活环境中,每天早晨做的第一件事就是"洒扫庭除"，保持整洁，自尊、尊他。这也是他们对待心灵的态度吧。

大家漫无边际地交流，气氛融洽，旅途似乎缩短，闷热天气也被忽略。

到广河县城，参观齐家文化博物馆。这是唯一一座以齐家文化命名的博物馆，2008 年 10 月 28 日正式开馆，主要陈列齐家文化和马家窑文化石岭下类型、马家窑类型、半山类型、马厂类型，以及辛店文化等时期的陶器、骨器、铜器和玉器等文物 1500 多件。据介绍，广河县古为今用，积极发掘齐家文化底蕴，培育文化产业，已经申请注册广告、旅游、商品包装、民族工艺品开发生产等齐家文化专用商标。还修建了代表齐家文化的雕塑，并把中心广场命名为齐家文化广场。

下午，考察团成员在广河县委召开座谈会。除了考察团成员，史学专家马志勇、临夏州博物馆馆长马颖也发言，希望各位专家、学者常到广河考察、调研，共同研究、挖掘、弘扬玉帛之路、丝绸之路的深刻文化内涵。后来发现，吴正湖写了一篇文章《"玉帛之路文化考察活动"途经广河》，发表在 2014 年 7 月 31 日《民族日报》晚刊上。

二十、定西云山窑

　　7月25日下午，考察团从广河县出发，经康家崖，前往定西。从地图上看，这条路基本呈东西方向，其实大部分是盘山路，所有山原与沟壑都被绿色覆盖，我们感受了黄土高原的壮阔与雄美。

壮阔与雄美的黄土高原

郑部长上午已从西宁出发，在前往定西的路上。陕西师范大学文学院党委书记孙清潮、李西建教授、李继凯教授、傅功振教授等人原打算在敦煌考察完就返回西安市，得知考察的消息，临时改变行程，从嘉峪关飞兰州，然后赶到定西，参加次日下午召开的总结会。

考察团抵达定西已是黄昏时分，人影匆匆，车声隆隆。

晚上，郑部长风尘仆仆，赶到了。过一阵，徐永盛也从武威赶来会合。

考察接近尾声，大家异常高兴，不停地喝，不停地说。易华、刘学堂等人终于缠绵着喝醉，他们抱在一起絮叨了很长时间。

7月26日上午，考察团考察最后一个项目——云山窑。该遗址位于定西市安定区香泉镇云山村小堡子山上，郎树德等专家考察过，从断面可清晰看到三个文化层：最上层是马家窑类型，中间是石岭下类型，最底下为仰韶中期灰、黄夹砂陶灰坑木炭层。

汽车出市区，经过菜地，在古老苍茫的黄土谷地中穿行一阵，就到山脚地带。我们转乘越野车，分两批到云山窑。叶舒宪、刘学堂等人迫不及待寻找文化层，而且很快就有了收获。与我们此前到过的大多史前遗址一样，陶器碎片遍地都是。

我爬上断崖，沿着长满大豆、土豆、胡麻的山坡小路走到塬顶，放眼望去，四面都是平缓的小山丘，逶迤相连，干涸的仓沟河与另外一条深沟也交汇于此，似乎共同拱卫着中间被称为云山的台地。在仰韶中期、石岭下或马家窑时期，这两条深沟都流淌着清澈的河水，树影婆娑，人群咿呀，有人砍伐树木，有人耕种庄稼，有人采集河泥，有人制作陶器，一片恬然淡然、世外桃源的安逸景象。每有重大祭祀、祈祷等活动，周边山山沟沟、高原台地上分散的人群都集中到云山，在部落首领或大祭司的主持下，毕恭毕敬进行各项庄严而神圣的仪式，向冥想中的神灵传达感恩和愿望，并把承载这些信息的物质——玉器深埋到地下，之后，大家载歌载舞，漫山遍野都是欢庆的身影。

那个简单淳朴而又信仰神灵的时代！

2014年7月26日上午10时54分，考察团成员在一片开满蓝色花朵、飘溢清香的胡麻地边合影留念，宣布本次考察活动（野外活动内容）告一段落。

大家从庄稼地中间人为走出的深邃大道到山下小村落。叶舒宪、刘学堂让其他人先乘车离开，他们坐在树下，似乎想在这古老的文化遗址多一些滞留、浸泡和感受。

中午，西北师范大学副校长丁虎生、校办主任梁兆光赶到。丁校长向叶舒宪先生展示他打印出的考察手记及相关报道，有2万多字。他说，虽然不能与考察团一起出行，但非常关注考察团两周来的活动，每一篇报道、每一篇文章都认真读，并且下载保存。

下午3时，总结会准时开始，具体内容见诸其他文本，这里从略。

需要提一下的是，叶舒宪先生在发言中几度哽咽，语不成句。交往多年，我从来没见过先生如此动情。我打开一瓶矿泉水递过去，他喝几口，还是伤心，说不出话来。定西宣传部部长陈美萍接过话筒说定西市已经在文化建设上有了重大举措。此时此刻，可能一切语言都是多余的。所以，大家都静静等候。

叶舒宪先生终于又回到了激情澎湃、壮怀激烈的状态……

7月27日早晨，考察团成员各自踏上了返程。

"中国玉石之路与齐家文化研讨会"暨"玉帛之路文化考察活动"终于告一段落，顺利完成各项考察任务。

如梦如幻，如切如磋，如诗如歌，如剑如奔，百感交集。

二十一、重新审视我们生活的这座城市 （代跋）

8 月的一个炎热黄昏，我拖着疲惫身子离开工作室，从 11 楼窗外看到一只喜鹊从天空飞过。它划着小括弧般曲线，一升一落，从容不迫，还嘎嘎叫几声，不知是感叹、咏叹还是赞叹。多年来，我非常关注这种益鸟，童年时候的伙伴。不管是寂寞寒冬还是烦躁酷夏，也不管是布满沙尘的春天，还是萧索悲凉的秋天，它们总是不弃不离，无怨无悔，把本来极其单调的生活经营得悠然自在，有滋有味。

我曾以为，像喜鹊这样在荒凉环境里有耐心、有条不紊地生活并不难，也是天经地义的，如同戈壁滩里的碎石、荒野里的胡杨、盐碱地里的红柳之类的。1992 年 7 月，我从陕西师范大学中文系毕业后到兰州工作，与这座位于青藏高原向黄土高原过渡地带的城市结下了不解之缘。那些年，兰州似乎没有喜鹊。看不见喜鹊的身影，听不见它们叫，内心有种莫可名状的焦灼。我常常往田野跑，先是爬附近的山，骑自行车郊游，乘坐长途汽车到周边县城瞎逛，潜意识里，只为邂逅喜鹊及各种风味的田野气息。积淀，发酵，酝酿。2004 年，我写过一篇散文《耕过的土地》，现在回头看，那些文字就是那段野骆驼般盲目游逛生活的反映：

　　……高大雄伟的城墙一如既往地护卫按照旧格局分布着的人家，只是城头变幻的不再是大王旗，是庄稼地。部分黄土虽然还以城墙的姿态存在，实质上已经恢复了本来的品格，农民唱着山歌，喊着号子，耕种小麦、大豆。那些曾经用生命和弓箭耕耘自己功名理想的将士早就化为尘烟。看来，撑起土地的还是粮食。我踏着黄昏的余光在城中宽阔的土路上踽踽行走。土路是小镇的街道，两旁有杂货摊、小饭馆、铁匠铺。古城的零件，黄昏的色彩，风箱的呼吸以及忽远忽近的草原清香，酿造出一种古典的闲适情调。我走在空旷的大路中间，感觉很好。热情但拘谨的土著居民投来关怀的目光，他们也许觉得我很沧桑。我用微笑否定了他们的善良猜测，走出街道，眼前突然张开飞舞飘动的草山。草山上，优美的金黄色彩珍珠般鲜艳纷呈。这是老城的天然屏风啊！于是，我住进附近一家朴素整洁的小旅馆，然后，要来烧酒和小菜，对着山顶上的烽火台悠然闲想。那种天涯孤旅的感觉实在珍贵，我写了一首小诗。只能如此，美好的感觉只能用这种方式保存，而且对于现实生活来说，这算是奢侈品。大多时间还是要游走在楼群和人群之间，雕塑、马路、水泥建筑、燃油废气、喧嚣、垃圾桶，这些现代文明的符号时时刻刻地警告我，要面对现实。但是，往往不经意地，古人制作土陶时哼唱的阵阵原始音节突然响起，接着有条不紊地从西北高原那丰厚的历史深处飘来，接着变成我身后飞扬的辫子，接着我就走进那个只是偶尔路过的老城，接着我索性想象士兵和农民用武器、用锄头耕种的情景，甚至想象先民制陶夯筑的智慧和激情。我让所有在老城耕种过的人物打破时空，出现在同一画面里，像西班牙画家米罗创作《耕过的土地》一样，彻底"打碎立体主义的吉他"；把许多不相融的元素组织在一起，人、树、房子、土陶、太阳、牛、马、烽火、丧葬、仪式、宗教，还有一些蜘蛛、蜗牛之类的小生物，它们大小比例失调，严重变形，颠倒错位，其中再穿插一些城市建筑——诸如三角形、尖角形之类的符号……

那段时间，我全身心地投入长篇小说《敦煌·六千大地或者更远》的创作中，也沉浸在酝酿小说的状态中。为何写这篇散文？

因为喜鹊。某天上午，我发现西北师范大学校园里有那么美丽的喜鹊。刹那间，我泪流满面。我愧疚，几年来竟然疏远了这些朋友；我感动，它们自尊自爱，生活得波澜不惊。从那以后，在小说之外的世界里，关注喜鹊成为最重要的内容之一，无论春夏秋冬。我看见过喜鹊学声、筑巢、吵架、示爱、行走、扮酷等等，也观看过野猫觊觎、喜鹊谴责的富于戏剧性的情景。我拍照片。手机功能升级后，还拍摄过视频。喜鹊的世界也很精彩，并不是我们认为的那般单调、平淡。

实际上，喜鹊已经在这里生活了很多年，不管人们是否感觉到。它们的祖先见证过李蒸率领师生到十里店黄河岸边踏勘校址，也见证了从城固西迁而来的知识分子，是他们让喜鹊感受到现代文明的韵味，继而感受着西北师大的发展变迁，一直到现在。如果倒退，可以上溯到师大东边的狼沟、明朝烽火台、西夏党项、吐蕃、唐代、汉代、先秦……再往远，竟然到了5000年前的马家窑文化时期！

从20世纪初期至今，兰州境内发现新石器时代文化遗址竟达165处之多！著名遗址有王保保城、青白石、沙井驿、十里店、徐家湾、大沙坪、西固城、土门墩、蒋家坪、彭家坪、牟家湾、西果园、青岗岔、龚家湾、兰工坪、四墩坪、华林坪、中山林、雁儿湾等，它们大多为马家窑文化时期各种类型，证明了史前文化的延续发展，例如：

西果园乡沙滩磨村马家窑文化曹家咀遗址，发现横穴式马家窑类型陶窑1个，出土陶、石、骨器等遗物。

黄河北岸王保保城遗址，出土12件手工制作、陶质细腻的壶、罐、钵、盆、瓶等陶器和一些绿松石珠。这个遗址证明马家窑期居民有住地，也有墓地。

七里河区西果园乡马家窑文化半山类型青岗岔村遗址与曹家咀遗址隔沟相对。1945 年 3 月 19 日，夏鼐、凌洪龄两位先生首次发现，并采集一些陶片和石器。夏鼐初步认为是马厂期。1958 年，甘肃省博物馆调查证实半山时期的遗址与墓葬并存。1959 年，马承源先生再次调查，肯定了青岗岔遗址属半山类型。1963 年，北京大学历史系与甘肃省博物馆联合发掘，清理出一处半山时期房址，说明半山时期已有房屋聚落。同时发现 2 处窖穴、1 座陶窑、1 座墓葬。1976 年，甘肃省博物馆文物工作队清理出 3 座半山时期房址和 3 座墓葬。

马家窑文化半山类型花寨子遗址位于七里河区花寨子乡水磨沟东岸第二台地上。1977 年，甘肃省博物馆与兰州市文化馆、七里河区文化馆清理墓葬 49 座，大部分为木棺墓，出土石器、骨器、纺轮、装饰品、陶器等器物 923 件，生产工具也有大量出现，还出土 1 块赭石色颜料。

土谷台遗址位于兰州市红古区平安乡湟水北岸二级台地，包括半山和马厂两个类型。1977～1978 年，甘肃省博物馆和兰州市文化馆共清理土洞墓 59 座、木棺墓 14 座、土坑墓 11 座，出土器物 1615 件，其中陶器 574 件、工具 13 件、装饰品等 1028 件。随葬品以泥质红陶和夹砂红陶为主，彩陶图案繁多，花纹鲜艳，盛行黑、红二彩，常见的有旋纹、四大圈纹、锯齿纹、菱形网纹、神人纹等。器型有壶、瓮、罐、瓶、钵、盆、碗、杯、盂、豆等，出现了新品种——鸟形壶。

或许，鸟形壶就是以 5000 年前与史前兰州人朝夕相处的喜鹊为模特的。

那时候的喜鹊，与兰州人有着怎样的密切关系？当原始男性先民带着石刀、石锛、陶刀、石斧、石铲、石纺轮等生产工具进行农业种植时，喜鹊站在某棵大树枝头惬意欣赏；当原始女性先民在水挂庄壕沟边磨制骨针、骨锥、骨耳环、骨指环等生活工具，或唱着古朴歌谣放牧羊、牛、猪，或带领小孩子在到银滩黄河水湾里捕鱼，喜鹊站在树梢上屏息观看；而当原始青年先民在仁寿山丛林中围捕黄羊、鹿、兔等小动物时，喜鹊也环绕左右，凑热闹；而当暴风雨来临、地震发生、洪水肆虐时，喜鹊也仍然执着地守望家园。

后来，沧海桑田，环境变化，但喜鹊从来就没有离开过这片土地。这是怎样的执着啊！喜鹊如此挚爱这片土地和这片土地上创造生活、创造文化、创造历史的人民，它比我们更了解这片土地和这片土地上车轮般碾过的沉重历史。

一片土地的历史，就是在她之上的人民的历史。

一片土地之上的人民的历史，也就是与他们息息相关的喜鹊等众多生灵的历史。

黄河是中华文明的母亲河，在兰州，你更能深刻体会其韵味。

兰州、甘肃是史前人类的快乐家园。在这次文化考察过程中，我越来越深切地体会到，我们还没有真正认识兰州、甘肃、西北乃至华夏文明。

所以，要重新审视，重新认识。也只有这样，才能真正解读先民凝聚在各种遗址及其出土物品中的文化符号。

了解祖先，也就能更好地了解我们自己，也才清楚未来走向何处。